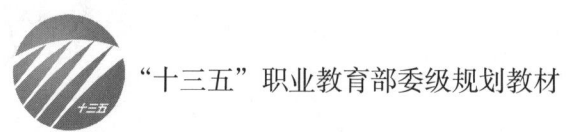

"十三五"职业教育部委级规划教材

毛织服装编织工艺实务

江学斌　主编
刘莎妮娅　林　岚　黄娘生　副主编

中国纺织出版社有限公司

内 容 提 要

本书所讲述的是关于毛织服装编织工艺的内容，共分为四章。内容包括：毛织服装编织工艺基础知识、毛织服装编织工艺基本计算、毛织服装编织工艺中的特殊工艺分析和毛织服装编织工艺实操案例，便于初学者入门学习。在第四章中通过大量不同款式的编织工艺实操案例讲解，并给每一个案例都提供了毛织服装实物样板，对每一个样板的款式特点、部位尺寸及编织花型进行了明确的交代和分析，引导学习者理解和学习，从而达到较好的学习效果。

本书可供各类纺织院校的师生参考学习，也可供相关企业人员阅读。

图书在版编目（CIP）数据

毛织服装编织工艺实务 / 江学斌主编 . -- 北京：中国纺织出版社有限公司，2020.10
"十三五"职业教育部委级规划教材
ISBN 978-7-5180-7855-4

Ⅰ. ①毛… Ⅱ. ①江… Ⅲ. ①毛织物—服装—编织—职业教育—教材 Ⅳ. ① TS941.773

中国版本图书馆 CIP 数据核字（2020）第 171062 号

策划编辑：宗 静　　责任编辑：宗 静　刘美汝
特约编辑：张长敏　　责任校对：王蕙莹　　责任印制：何 建

中国纺织出版社有限公司出版发行
地址：北京市朝阳区百子湾东里A407号楼　邮政编码：100124
销售电话：010—67004422　传真：010—87155801
http://www.c-textilep.com
中国纺织出版社天猫旗舰店
官方微博 http://weibo.com/2119887771
北京云浩印刷有限责任公司印刷　各地新华书店经销
2020年10月第1版第1次印刷
开本：787×1092　1/16　印张：7
字数：128千字　定价：59.80元

凡购本书，如有缺页、倒页、脱页，由本社图书营销中心调换

"十三五"职业教育部委级规划教材毛织服装系列编写委员会

（排名不分先后）

总 编 江学斌

副 总 编 刘 亮 邓军文

编委成员 江学斌 刘 亮 邓军文 邹铮毅 刘莎妮娅

       林 岚 张延辉 汪启东 王娅兰 黄娘生

       庄梦辉 李思慧

前言

为适应毛织产业发展和专业人才培养的需要，根据高等院校纺织服装类"十三五"部委级规划教材编写精神，编写全套高职高专和中职使用的毛织服装教材，该套教材涵盖了毛织服装专业教学的全方位内容，填补了全国毛织服装专业系列教材的空白。可有效解决高职高专开设毛织服装专业遭遇无教材的困境问题。

本系列教材分别是《毛织服装概论》《毛织服装设计入门与拓展》《毛织服装编织工艺实务》《毛织服装花型设计程序编制实务》《毛织服装缝制与后整工艺实务》《毛织服装跟单任务实务》，共六本新编教材。

本系列毛织服装教材是以工作任务为导向，以完成工作任务式课程教学为目标的技术性实操专业教材，具有创新性、实用性和实践性等特点。教材内容贴近生产，以满足现代学徒制教学需要，实现职业教育大国工匠精神的育人理念。本毛织服装系列教材共分六本编写，由江学斌为总编，刘亮、邓军文为副总编。

本书由江学斌担任主编，刘莎妮娅、林岚、黄娘生为副主编。具体编写分工如下：本书第一章由江学斌、林岚编写，第二、第三章由江学斌、刘莎妮娅编写，第四章由刘莎妮娅、黄娘生编写，卢娟参与了本书的编写。

朱华伟对本书的编写在工艺上给予了技术指导，同时在本书编写过程中使用了智能针织品软件（深圳）有限公司设计开发的智能下数纸软件，还得到了同行专业人士的热心支持，在此一并诚致谢意。

由于编者水平有限，书中难免有所错漏和不足，诚恳接受广大读者批评指正。

编者
2019年10月

教学内容及课时安排

章/课时	课程性质	节	课程内容
第一章 （5课时）	基础理论 （5课时）		● 毛织服装编织工艺基础知识
		一	毛织服装编织工艺术语
		二	毛织服装编织工艺的制作流程和书写格式
		三	编织工艺的计算工具和单位换算
		四	毛织服装各部位测量
		五	编织工艺常用中英文名称
第二章 （3课时）	基础理论与应用实操 （6课时）		● 毛织服装编织工艺基本计算
		一	毛织服装编织工艺的密度计算
		二	毛织服装各部位工艺计算公式
		三	毛织经典衫型编织工艺的基本计算要求
第三章 （3课时）			● 毛织服装编织工艺中的特殊工艺
		一	半开襟衫的工艺要求
		二	袖阔与夹阔之间的工艺分析
		三	常见领型的计算和工艺要求
第四章 （22课时）	应用实操 （22课时）		● 毛织服装编织工艺实操案例
		一	组合式披肩围巾编织工艺
		二	彩条谷波短裙编织工艺
		三	无袖原身出高领女装编织工艺
		四	杏领间色长袖女装编织工艺
		五	船领插肩中袖挑孔女装编织工艺
		六	翻领绞花长袖男开衫编织工艺
		七	双层领直夹女装编织工艺
		八	青果领开襟长袖男装编织工艺

注　各院校可根据自身的教学特色和教学计划对课程时数进行调整

目录

第一章 毛织服装编织工艺基础知识 ··002
第一节 毛织服装编织工艺术语 ··002
第二节 毛织服装编织工艺的制作流程和书写格式 ························005
第三节 编织工艺的计算工具和单位换算 ··································007
第四节 毛织服装各部位测量 ··009
第五节 编织工艺常用中英文名称 ···016
####　思考与练习 ··020

第二章 毛织服装编织工艺基本计算 ··022
第一节 毛织服装编织工艺的密度计算 ····································022
第二节 毛织服装各部位工艺计算公式 ····································023
第三节 毛织经典衫型编织工艺的基本计算要求 ·························030
####　思考与练习 ··035

第三章 毛织服装编织工艺中的特殊工艺 ····································038
第一节 半开襟衫的工艺要求 ··038
第二节 袖阔与夹阔之间的工艺分析 ·······································040
第三节 常见领型的计算和工艺要求 ·······································041
####　思考与练习 ··044

第四章 毛织服装编织工艺实操案例 ··046
第一节 组合式披肩围巾编织工艺 ···046
第二节 彩条谷波短裙编织工艺 ··047
第三节 无袖原身出高领女装编织工艺 ····································051
第四节 杏领间色长袖女装编织工艺 ·······································055
第五节 船领插肩中袖挑孔女装编织工艺 ·································061
第六节 翻领绞花长袖男开衫编织工艺 ····································066
第七节 双层领直夹女装编织工艺 ···075
第八节 青果领开襟长袖男装编织工艺 ····································080

参考文献 ···088
附录 ···089
    附录1　编织工艺训练习题 ···089
    附录2　工艺单表格 ···095
    附录3　编织工艺训练习题答案 ···096

基础理论——

毛织服装编织工艺基础知识

课题名称： 毛织服装编织工艺基础知识

课题内容： 毛织服装编织工艺术语
　　　　　　毛织服装编织工艺的制作流程和书写格式
　　　　　　编织工艺的计算工具和单位换算
　　　　　　毛织服装各部位测量
　　　　　　编织工艺常用中英文名称

课题时间： 5课时

教学目的： 熟记毛织服装编织工艺术语，了解毛织服装编织工艺的制作流程和书写格式，了解编织工艺的计算工具和单位换算，掌握毛织服装各部位的测量方法，熟悉编织工艺常用中英文名称。

教学方式： 讲授法、讨论法、练习法

第一章　毛织服装编织工艺基础知识

机织服装和圆编针织服装是依据"纸样"将面料裁剪成型的，横编毛织服装是依据"编织工艺"，在纱线编织中运用线圈的减少、增加而完全成型的。毛织服装编织工艺在南方称下数工艺，即为编织毛衣时根据衣片各部位的结构形式和具体尺寸计算出编织所需要的线圈针数和转数。在学习计算毛织服装编织工艺前，我们先了解编织工艺的基础知识。

第一节　毛织服装编织工艺术语

一、毛织服装成品部位名词术语

毛织服装名词术语有利于指导毛织服装生产，有利于传授和交流专业技术知识，也有利于服装的质量管理，在毛织服装生产中起着十分重要的作用。由于长期以来，南北各地形成了一些地方习惯用语，本书参考国家标准化管理委员会颁布的《服装术语》，并根据毛织服装行业的常用术语和编织工艺软件——智能下数所用的毛织名词整理出常用的毛织名词术语以便教学。当然，在实际应用时，无论其内涵还是外延，都要与时尚流行和行业习惯相对应（表1-1）。

表1-1　毛织服装成品部位名词术语

总类	序号	名称	说明	图例
上装部分（整体）	1	门襟	开襟锁扣眼一边	
	2	领	围绕脖子的部位	
	3	侧缝	前后衣片的缝合处	
	4	腰带	缠绕腰部的带子	
	5	衫脚	毛衫的下摆	
	6	袖夹	毛衫的袖窿	
	7	袖口	毛衫袖子末端	
上装部分（领）	8	领尖	领角处	
	9	领面	领子外层部分	
	10	翻折线	领面与领座的翻折处	

续表

总类	序号	名称	说明	图例
上装部分（袖）	11	平膊（装袖）	前后肩斜相同	
	12	尖膊（插肩袖）	肩部与袖子连在一起，肩袖与衣身的缝合线是斜的	
	13	马鞍膊	是插肩毛衫的一种，但肩袖与衣身的缝合线是平的	
	14	蝙蝠袖	袖口狭窄，腋部肥大的袖子，袖根一直延伸到腰部，形同蝙蝠或蝴蝶的翅膀	
	15	喇叭袖	袖口展开呈喇叭型的袖子	
	16	落肩袖	袖窿线从肩部落下的袖子	
下装部分（裤）	17	裤腰	与裤身缝合的带状部件	
	18	侧缝	裤子前后身缝合的外侧线	
	19	裤脚	裤子末端	

二、编织工艺的其他术语

毛织服装编织工艺由中国香港传入广东,行业里多采用毛衫的粤语名称交流并已形成习惯。本书使用的智能下数纸软件也是大量使用粤语名称,故编织工艺的计算术语含有较多粤语名词,在此进行相关介绍以便于理解。

1. **下数**

下数也叫吓数,是编织工艺的粤语叫法。其名称来源是因在使用手摇横编织机编织毛织织片时机器发出"下、下、下(粤语发音)"的声音而得来的名称。

2. **转数、行数**

编织毛织物时,横编织机的机头从原点开始编织一个来回后,再回到原点为1转,1转为2行。

3. **支数**

横编织机器一行内参与编织的织针数为支数。

4. **G**

横机的针号(Gauge)简称G,表示针床上每英寸内的织针枚数,如粗针距(Coarse Gauge)有3.5G、5G、7G和9G,细针距(Fine Gauge)有12G、14G、16G和18G(图1-1)。

5. **阔**

毛衫的宽度,如胸阔就是胸宽,膊阔是肩宽,领阔是领宽等。

6. **膊**

膊指袖子,如平膊是装袖,尖膊是插肩袖,西装膊是指后腰收针的装袖。

7. **膊斜**

膊斜是指毛衫的肩斜。

8. **领贴**

领贴是毛衫的领子贴边。

9. **袖夹**

袖夹即毛衫的袖窿,根据袖窿的弧度分为直夹、弯夹和入夹。

10. **衫脚**

衫脚是毛衫的下摆。

11. **下栏**

除了毛衫各主要衣片外的其他零部件为下栏。

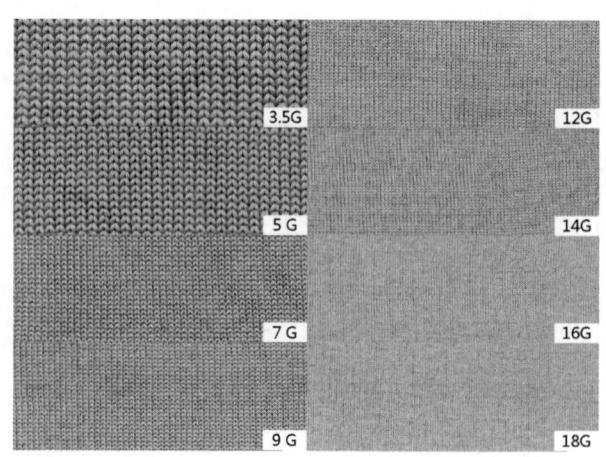

图1-1 不同针号编织的织物

第二节　毛织服装编织工艺的制作流程和书写格式

毛织服装企业收到客户的订单后，编织工艺师（下数师傅）先解读办单、分析样品，参考客户产品类目的零售价与采购价的倍率，选择价位、属性均合适的毛织纱线，确定版型后，即可开始编织工艺作业。下面讲解编织工艺的具体流程和书写格式。

一、编织工艺的制作流程

编织工艺的制作流程如图1-2所示。

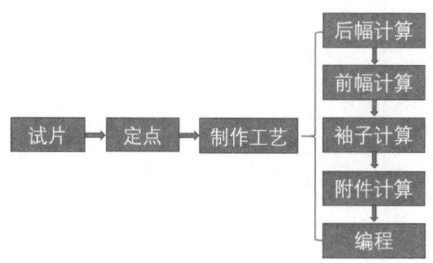

图1-2　编织工艺的制作流程

1. 试片

编织工艺师傅按照毛织服装的设计要求，选择编织针型、纱线纱支，根据计算公式和个人经验，先编织大约30cm×40cm大小的毛织样片，计算好编织密度（字码），样片洗涤后测量尺寸的缩水率、重量的损耗。样片熨烫后2小时内，需要测量尺寸以获取单位面积成品密度，并通过电子秤测量单位面积成品的重量。再根据样片手感判断是否能达到客户需求。

2. 定点

根据尺寸表对毛织服装的各个部位进行"定点"，再量度尺寸，准确判断各部位尺寸的比例关系，尤其要注意缝合部位的对位点，如领贴与衣身领位、衣身夹位与袖山、门襟与衣身等。

3. 制作工艺

根据毛织服装的设计要求、视觉效果、手感、生产可行性和成本，工艺师傅进行编织工艺的计算，包括毛织服装的前幅、后幅、袖、附件（下栏）的针数和转数，还有衣片的成型方式如开针、减（收）针、放（加）针，对选用的毛织组织与尺寸、款式的契合程度进行调整，确定缝合部位及对位点，最后将工艺输入计算机的编织工艺软件转换成编织指令。

二、编织工艺单的书写格式

为了清楚表述编织工艺的数据，往往需要一份设计合理的工艺纸单，这份工艺单的内容包括服装各部位的尺寸，毛衫款式图，毛料的类别、颜色和粗细，还有编织针的粗细种类，表1-2为编织工艺单的格式，图1-3为12针女装长袖的编织工艺。

表1-2 编织工艺纸单

尺码		款式：		生产编号：
量度单位：cm		前后袖（针号）		
胸阔		毛料： 组织： 字码：支 拉 寸 平方：		
肩阔				
身长				
夹阔				领贴：
领阔				
前领深		衫脚及袖口： 毛料： 字码：支 拉 寸		
后领深				
腰阔				后幅、前幅、袖子：
腰距		款式图		
下脚阔				
领贴高				
衫脚高				
袖脚高				
袖口阔				
袖长				
袖阔				
每件落机重（克）				
前幅重		毛料名称		
后幅重				
袖重				
领重				

　　从表1-2中可看出编织工艺单左边内容包括尺寸、款式图、毛料和针种等信息，较易理解；右边有毛衫后幅、前幅、袖片和领贴的纸样图，此处用来写各衣片的编织工艺。对于初学者来说，由数字、文字组成的编织工艺技术术语较难理解，这里以12针女装长袖为例讲解编织工艺单的技术术语（图1-3），请从下往上看：

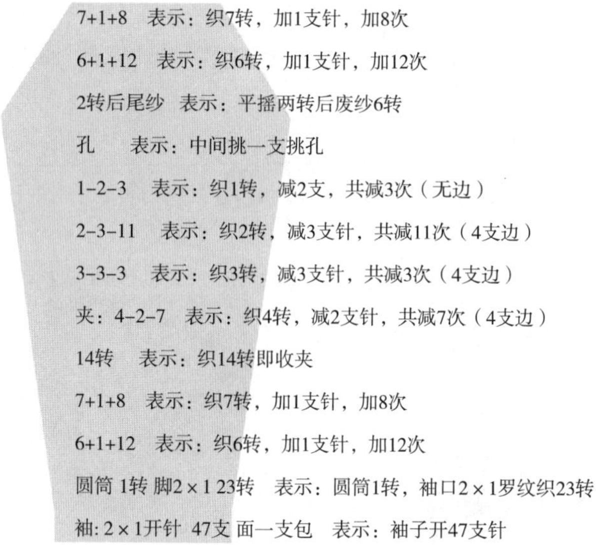

```
7+1+8     表示：织7转，加1支针，加8次
6+1+12    表示：织6转，加1支针，加12次
2转后尾纱  表示：平摇两转后废纱6转
孔        表示：中间挑一支挑孔
1-2-3     表示：织1转，减2支，共减3次（无边）
2-3-11    表示：织2转，减3支针，共减11次（4支边）
3-3-3     表示：织3转，减3支针，共减3次（4支边）
夹：4-2-7 表示：织4转，减2支针，共减7次（4支边）
14转      表示：织14转即收夹
7+1+8     表示：织7转，加1支针，加8次
6+1+12    表示：织6转，加1支针，加12次
圆筒1转 脚2×1 23转   表示：圆筒1转，袖口2×1罗纹织23转
袖：2×1开针 47支 面一支包   表示：袖子开47支针
```

图1-3　12针女装长袖衫

图1-3出现多个"数字-数字-数字"的书写，这表示编织时需要减针，如4-2-7的意思是：织4转减2支针，共减7次，收4支边花（图1-4）。

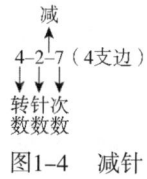

图1-4　减针

第三节　编织工艺的计算工具和单位换算

在学习编织工艺前，需要准备一些计算用工具并熟知相关的单位换算。

一、计算用工具

1. 尺子

编织工艺师在确定毛衫的尺寸时，需要尺子进行毛衫或人体尺寸的量度，通常有直尺（图1-5）和软尺（图1-6）两种，单位有厘米、英寸。

图1-5　直尺 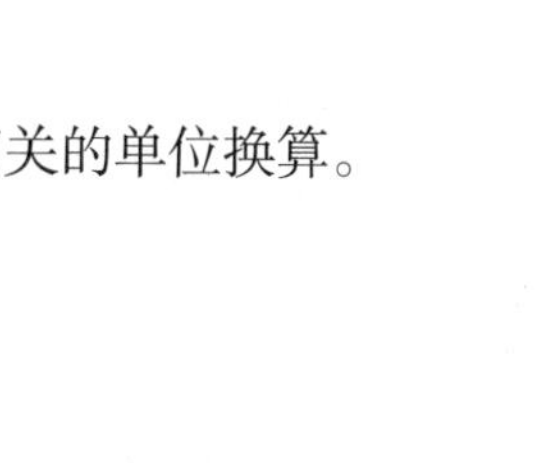　　　　　　　　　　图1-6　软尺

2. 计算器（图1-7）

不管是手写还是电脑来完成编织工艺单，都需要一部计算器，以便于方便、快捷和准确地计算出针数和转数。

3. 其他工具

其他工具包括笔、橡皮、涂改液及剪刀，还有用来称毛衣和毛纱重量的电子秤（图1-8）。

图1-7　计算器　　　　　　　图1-8　电子秤

二、毛织服装编织工艺的单位换算

单位换算准确才能保证编织工艺结果准确性，准确与否直接影响毛织服装成品质量，所以在编织工艺操作中必须做到单位统一。

1. 长度单位换算

1米=10分米　　　　　　　1分米=10厘米

1厘米=10毫米　　　　　　1码=91.5厘米

1市尺=33厘米=1.3英寸　　1英寸=2.54厘米

1厘米=0.39英寸　　　　　1英寸=8分

2. 英寸与分的换算

1分=0.125英寸　　　　　　2分=0.25英寸

3分=0.375英寸　　　　　　4分=0.5英寸

5分=0.625英寸　　　　　　6分=0.75英寸

7分=0.875英寸　　　　　　8分=1英寸

3. 重量换算

1公斤=2斤　　　　　　　　1斤=1.1磅

1磅=0.907斤　　　　　　　1磅=16安仕

1安仕=28.375克　　　　　 1克=0.03524安仕

4. 磅与安仕的换算

1安仕=0.0625磅   2安仕=0.125磅

3安仕=0.1875磅   4安仕=0.25磅

5安仕=0.3125磅   6安仕=0.375磅

7安仕=0.4375磅   8安仕=0.5磅

9安仕=0.5625磅   10安仕=0.625磅

11安仕=0.6875磅   12安仕=0.75磅

13安仕=0.8125磅   14安仕=0.875磅

15安仕=0.9375磅   16安仕=1磅

5. 1打=12件其关系换算如下

1件=0.833打   2件=0.1667打   3件=0.25打

4件=0.333打   5件=0.41667打   6件=0.5打

7件=0.5833打   8件=0.6667打   9件=0.75打

10件=0.8333打   11件=0.91667打   12件=1.00打

第四节　毛织服装各部位测量

一、上装的测量方法

1. 胸宽（胸阔）

腋下2.5cm（1英寸）水平量度（图1-9）。

2. 身长

身长有两种测量方法。

（1）领边量度：领边至底边垂直量度（图1-10）。

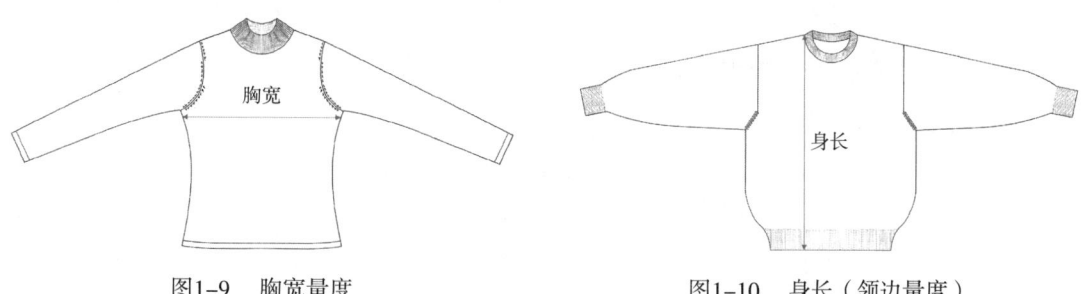

图1-9　胸宽量度　　　　　　图1-10　身长（领边量度）

（2）后中量度：后领中缝线至底边垂直量度（图1-11）。

图1-11　身长（后中量度）

3. 肩宽（膊阔）

左肩点至右肩点水平量度（图1-12）。

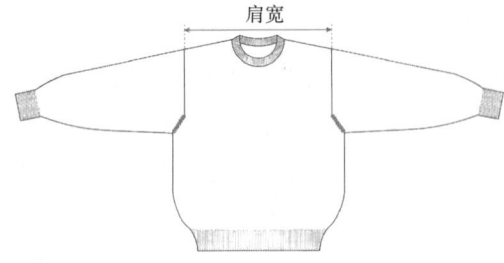

图1-12　肩宽量度

4. 肩斜（膊斜）

领边水平线至肩点垂直量度（图1-13）。

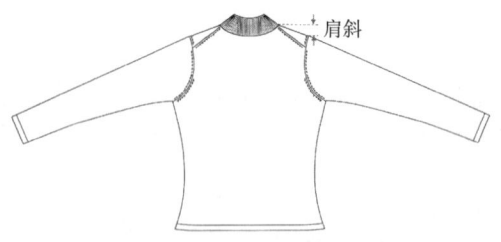

图1-13　肩斜量度

5. 袖子测量

（1）插肩袖长：领边至袖口边量度（图1-14）。

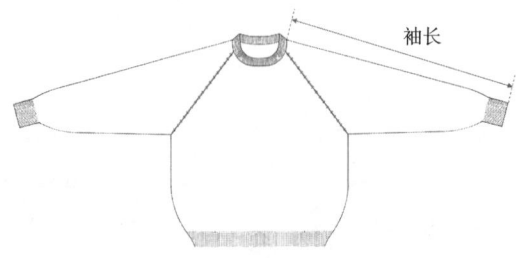

图1-14　插肩袖长量度

(2)装袖（平脾）长：肩点至袖口边量度（图1-15）。

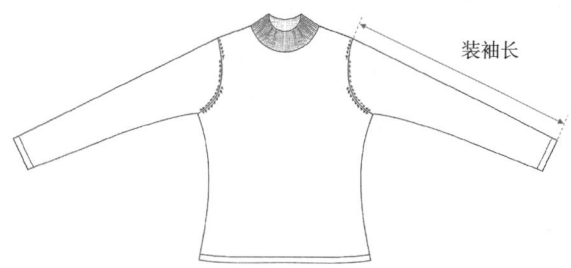

图1-15　平脾（装袖）长量度

(3)袖底长：腋下至袖口边量度（图1-16）。

图1-16　袖底长量度

(4)袖窿宽（袖夹阔）：肩点至腋下量度（图1-17）。

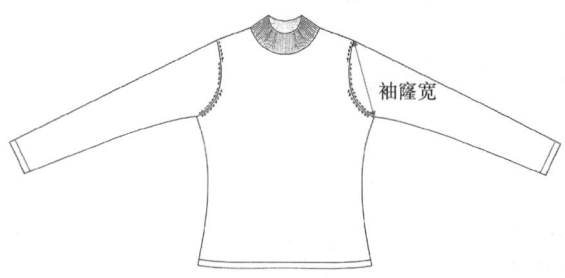

图1-17　袖夹阔量度

(5)袖宽：腋下至袖中线量度（图1-18）。

图1-18　袖宽量度

（6）袖山高：肩点沿袖中线至袖宽线量度（图1-19）。

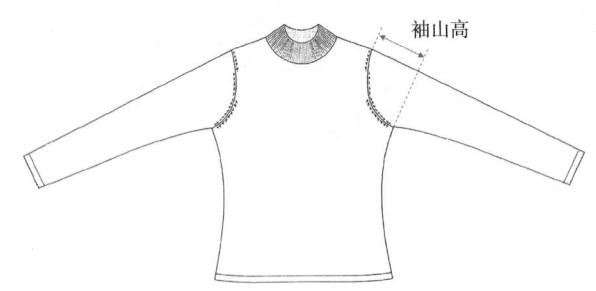

图1-19　袖山高量度

（7）袖窿围（夹围）：袖窿的周长（图1-20）。

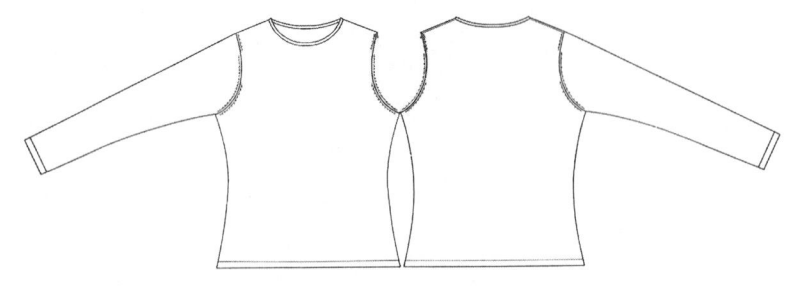

图1-20　夹围量度

6. 领子测量

（1）领宽（外度）：左领边至右领边水平量度（图1-21）。
（2）领宽（内度）：领内侧水平量度（图1-22）。
（3）领口宽：立领、高领的领口宽度（图1-23）。

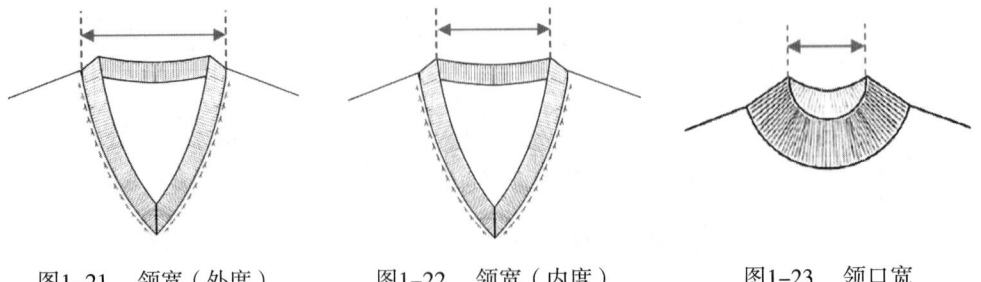

图1-21　领宽（外度）　　　图1-22　领宽（内度）　　　图1-23　领口宽

（4）前领深（后中至缝线）：后领中缝线至领贴缝线（图1-24）。
（5）前领深（内度）：后领中缝线至领贴边（内）垂直量度（图1-25）。
（6）后领深：领边至后领缝线垂直量度（图1-26）。
（7）领围：领子的周长（图1-27）。

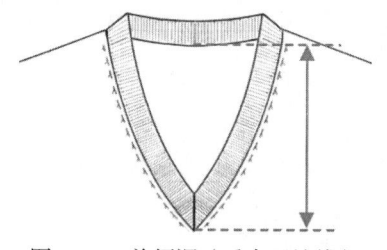
图1-24 前领深（后中至缝线）
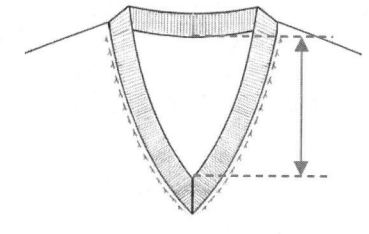
图1-25 前领深（内度）

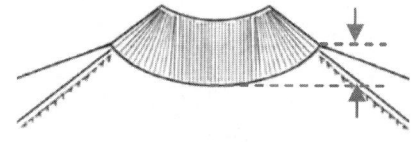
图1-26 后领深
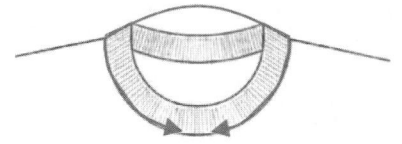
图1-27 领围

二、下装的测量方法

1. 裙子测量

（1）裙腰头宽：裙腰头两端水平量度（图1-28）。

（2）裙腰头高：裙腰头边至缝线垂直量度（图1-29）。

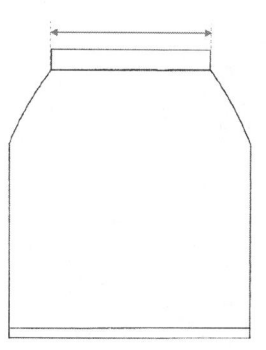
图1-28 裙腰宽
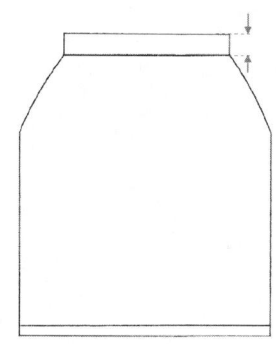
图1-29 裙腰头高

（3）裙下摆宽：裙底边水平量度（图1-30）。

（4）裙底边高：裙脚顶至底边的垂直量度（图1-31）。

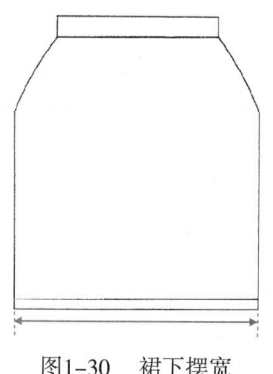
图1-30 裙下摆宽
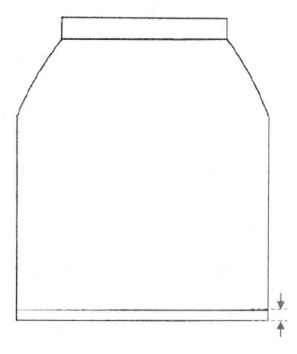
图1-31 裙底边高

（5）裙长：a为裙腰顶至裙脚底边垂直量度；b为裙腰下缝线至裙脚底边垂直量度（图1-32）。

（6）裙臀宽：臀围线处水平量度（图1-33）。

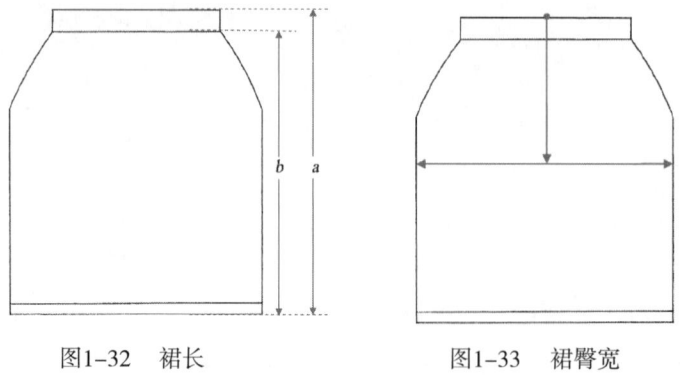

图1-32　裙长　　　　图1-33　裙臀宽

2. 裤子测量

（1）裤腰头宽：裤腰头两端水平量度（图1-34）。

（2）裤腰头高：裤腰头边至缝线垂直量度（图1-35）。

（3）裤臀宽：臀围处水平量度（图1-36）。

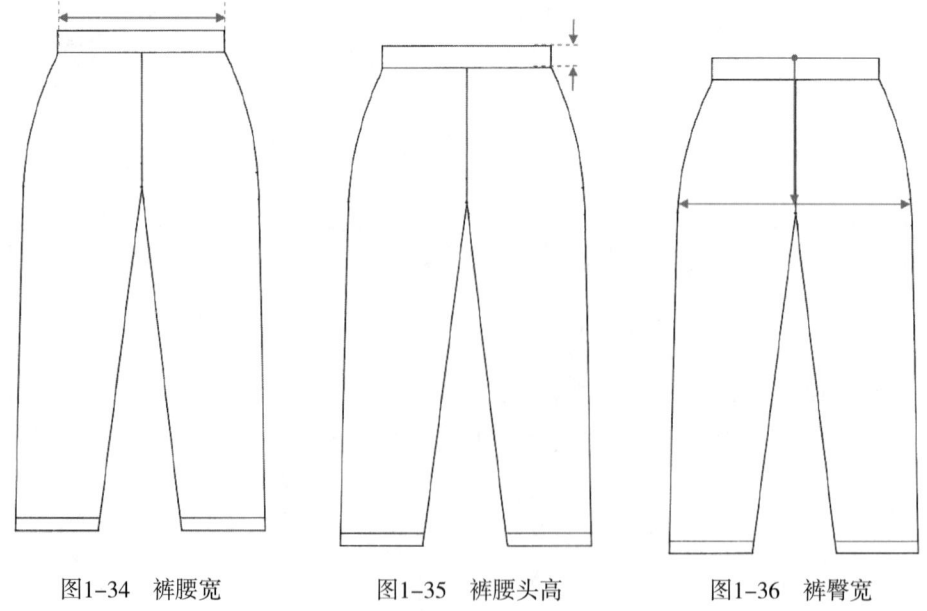

图1-34　裤腰宽　　　　图1-35　裤腰头高　　　　图1-36　裤臀宽

（4）裤腿宽：裤裆底下2.5cm处水平量度（图1-37）。

（5）膝宽：裤腰头边向下××cm处水平量度（图1-38）。

（6）裤脚宽：裤脚底边的水平量度（图1-39）。

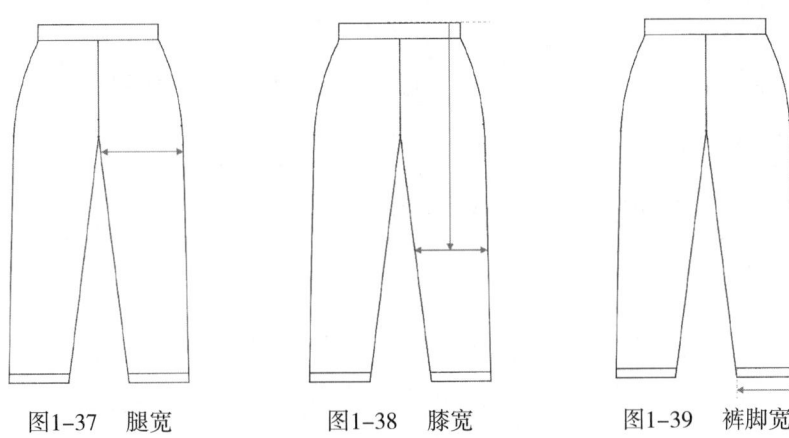

图1-37 腿宽　　　　　图1-38 膝宽　　　　　图1-39 裤脚宽

（7）裤脚高：裤脚顶边至底边垂直量度（图1-40）。
（8）裤长：裤腰顶至裤脚底边垂直量度（图1-41）。
（9）裤内长：裤裆底至裤脚底边垂直量度（图1-42）。

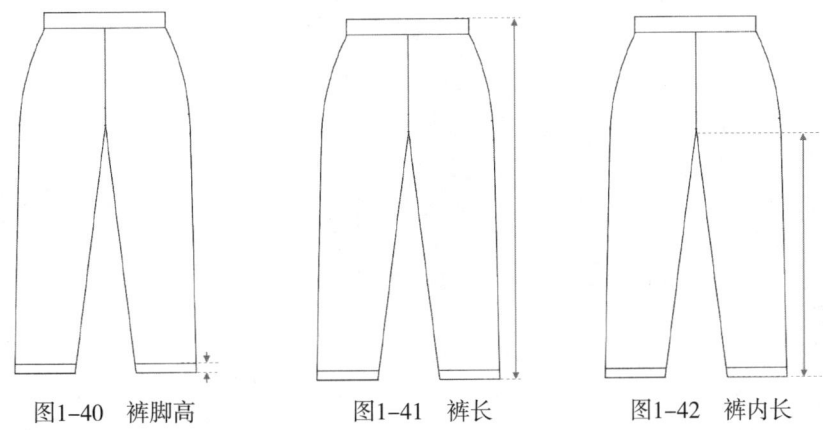

图1-40 裤脚高　　　　图1-41 裤长　　　　　图1-42 裤内长

（10）上裆长：裤腰下缝线至裤裆底垂直量度（图1-43）。
（11）前裆长：沿前裆缝线量度（图1-44）。
（12）后裆长：沿后裆缝线量度（图1-45）。

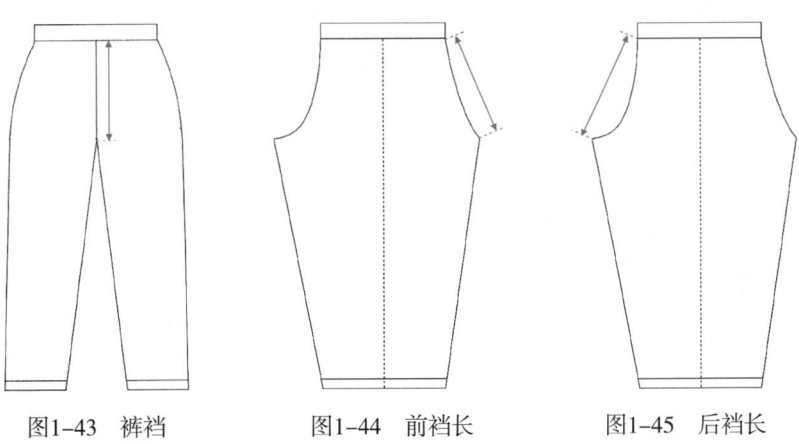

图1-43 裤裆　　　　　图1-44 前裆长　　　　图1-45 后裆长

第五节 编织工艺常用中英文名称

编织工艺师需要熟知毛织服装编织工艺的中英文名称,不仅在实际工作中更加方便,也有助于学习国外最新款式的编织技术(表1-3~表1-6)。

表1-3 常用毛织服装编织工艺技术中英文名称

序号	中文	英文
1	机号、针型	Machine gauge
2	多针距	Multi-gauge
3	针迹(3个线圈以上组成)、线迹	Stitch
4	线圈、纱环	Loop
5	线圈长	Loop length
6	针编弧	Needle loop
7	沉降弧	Sinker loop
8	正针、面针	Face loop stitch
9	反针、底针	Reverse loop stitch
10	吊圈、延圈	Held loop
11	集圈、打花	Tuck loop
12	浮圈(浮编后形成的虚线)	Float loop
13	目、条、支(针)	Wale
14	正目、前板、面支(针)	Face loop wale
15	反目、后板、底支(针)	Reverse loop wale
16	中心目、中针	Centre loop wale
17	半转、行	Course
18	转(2行)	1 return(2 courses)
19	字码	Knitting tension
20	成品密度、平方	Loop density,Stitch density
21	横密、横支	Wales per cm.(in.)
22	纵密、直行	Courses per cm.(in.)
23	完全成型	Fully fashioned,Wale fashioning
24	起口、上梳	Commencing,Set-up
25	机头纱起口、间纱上梳	Commencing with waste courses
26	收针、减针	Narrowing
27	明收针、有边收针	Fashioning narrowing
28	花(收针后线圈重叠形成的标记)	Fashion mark

续表

序号	中文	英文
29	"花"外侧的纵行针数	Fashioned selvedge
30	大移针、搬中针	All narrowing, All transferring
31	暗收针、无边收针	Narrowing (No fashion mark)
32	暗收1支针、单支扒收针	Single needle narrowing
33	加针、放针	Widening
34	暗放针、加1支针	Single needle widening
35	明放针、挖针、分针	Widening with split-stitch
36	锁编、平收、拷针、套针	Narrowing with bind-off
37	下机、落梳（织完后）	Knocking-over, Press-off
38	机头纱编织横列、间纱（行）	Waste Courses

表1-4 常用毛织服装各部位测量中英文名称

序号	中文	英文
1	身长（领边量度）	Body length (N.P.)
2	身长（后中量度）	Body length (C.B.N.)
3	肩宽（膊阔）	Shoulder width
4	单肩宽（单膊阔）	Shoulder length
5	肩斜（膊斜）	Shoulder slope
6	马鞍宽（马鞍阔）	Saddle width
7	前胸宽（前胸阔）	Cross bust width
8	后背宽（后背阔）	Cross back width
9	胸宽（夹下1"度）	Bust width 1" below armhole
10	袖长（领边量度）	Sleeve length (N.P.)
11	袖长（后中量度）	Sleeve length (C.B.N.)
12	袖长（膊边度）	Sleeve length (S.P.)
13	袖阔（夹下1"度）	Sleeve width 1" below armhole
14	袖口宽、袖口阔（粤）	Sleeve cuff width
15	袖口高	Sleeve cuff height
16	袖肚阔	Bell sleeve
17	袖山高	Cap height
18	挂肩、夹阔（粤）	Armhole
19	夹阔	Armhole/straight raglan
20	领宽（外度）、领阔（粤）	Neck width (seam to seam)
21	领宽（内度）、领阔（粤）	Neck width (inside)
22	领口宽、领口阔（粤）	Neck open

续表

序号	中文	英文
23	前领深（领边至缝线）	Front neck drop（N.P.to seam）
24	前领深（内度）	Front neck drop（inside）
25	前领深（后中至缝线）	Front neck drop（C.B.N.to seam）
26	后领深	Back neck drop
27	领罗纹宽、领贴阔（粤）	Neck band width
28	领贴	Neck trim
29	颈围、领围（粤）	Neck base girth
30	领拉力	Neck band tension
31	领贴高	Neck band height
32	领高	Collar height
33	下摆宽、衫脚阔（粤）	Bottom width
34	下摆罗纹高、衫脚高（粤）	Waist band height
35	下摆拉力、衫脚拉力（粤）	Waist band tension

表1–5　常用毛织服装材料中英文名称

序号	中文	英文
1	羊毛	Wool
2	绵羊毛	Sheep wool
3	粗纺毛纱	Woollen yarn
4	精梳毛纱	Worsted yarn
5	半精纺纱	Semi-combed yarn
6	经过拉伸处理的超细羊毛纤维，是国际羊毛局注册的商标	Optim
7	经过巴索兰处理的羊毛，是BASF的专利	Basolan wool
8	羔羊毛、羊仔毛：从出生后6~7个月羔羊身上剪下的柔软细腻的羊毛	Lambswool
9	美丽诺羊毛，原育成于西班牙，澳大利亚的美丽诺羊是最著名的细羊毛品种	Merino wool
10	山羊毛	Goat wool
11	山羊绒	Cashmere
12	安哥拉山羊毛、马海毛，原产于土耳其安哥拉省Anatolia高原，属全光毛	Mohair
13	羊驼毛，原产于南美秘鲁	Alpaca
14	骆驼毛，分为驼绒、驼毛两种	Camel hair
15	牦牛毛，原产于中国青藏高原	Yak hair
16	安哥拉兔毛	Angora rabbit hair

续表

序号	中文	英文
17	丝,蚕的分泌腺体纤维	Silk
18	桑蚕丝、家蚕丝	Mulberry silk
19	柞蚕丝、野蚕丝	Tussah silk
20	绢丝,将养蚕、制丝、丝织过程中产生的瑕疵茧、废丝经过精炼加工成纱线的纺纱工程被称为绢纺	Spun silk
21	棉	Cotton
22	有机棉	Organic cotton
23	天然彩棉	Colored cotton
24	亚洲棉,又称为粗绒棉	Asiatic cotton
25	埃及棉	Egyptian cotton
26	匹马棉,原产于秘鲁皮乌拉(Piura)地区	Pima cotton
27	中国新疆吐鲁番长绒棉	Turpan cotton
28	精梳棉纱	Combed cotton
29	粗梳棉纱	Carded cotton
30	丝光棉	Mercerized cotton
31	苎麻	Ramie
32	亚麻纤维	Flax
33	亚麻纱线及织物	Linen
34	黏胶纤维	Viscose fiber
35	莫代尔,奥地利Lenzing公司开发的再生纤维素纤维	Modal
36	天丝,英国Acocdis公司的注册商标,溶剂加工纤维素纤维	Tencel
37	竹纤维	Bamboo rayon
38	再生蛋白纤维	Regenerated protein fiber
39	大豆蛋白纤维	Soybean fiber
40	醋酸酯纤维	Acetate fiber
41	二醋酸酯纤维	Diacetate fiber
42	三醋酸酯纤维	Triacetate fiber

表1-6 常用毛织服装包装材料中英文名称

序号	中文	英文	序号	中文	英文
1	主唛	Back neck label	7	尺码搭配	Size ratio
2	副唛	Care label	8	箱唛	Shipping mark
3	胶袋	Poly bag	9	每箱数量	Quantity/ctn
4	挂牌	Swing ticket	10	每箱颜色	Colour/ctn
5	成分	Fibre content	11	颜色配搭	Color match
6	尺寸/款式	Size /desion of pattern	12	颜色评语	Comment on colourways

思考与练习

1. 熟记毛织服装成品部位名词术语和编织工艺的其他术语。
2. 画出一件毛织服装的款式图，标注测量部位名称，写出测量方法。
3. 熟记一些常用颜色、毛料及部位尺寸名称的英文表示。
4. 某款衫的成品重量310克，其织、缝、挑的损耗率为4%，问现在要生产该款衫成品980件，需要毛料多少磅？
5. 已知8安仕某款衫间色中，含A色5.23安仕，B色2.77安仕，试问：7.5磅/打的衫片中含A色、B色各多少磅？生产该款衫730件时，需A色、B色毛料各多少磅？

基础理论与应用实操——

毛织服装编织工艺基本计算

> **课题名称：** 毛织服装编织工艺基本计算
> **课题内容：** 毛织服装编织工艺的密度计算
> 　　　　　　毛织服装各部位工艺计算公式
> 　　　　　　毛织经典衫型编织工艺的基本计算要求
> **课题时间：** 3课时
> **教学目的：** 掌握编织工艺的密度计算和毛织服装各部位计算公式，熟悉毛织经典衫型编织工艺的基本计算要求。
> **教学方式：** 讲授法、案例教学法、体验式教学法

第二章 毛织服装编织工艺基本计算

第一节 毛织服装编织工艺的密度计算

一、编织工艺针型、毛纱、密度之间的关系

针型是指织机针号的大小,确定针型是编织程序的第一步。然后根据针型和服装的厚度、手感选择相匹配的毛纱。应用选定的针型和毛纱织成样片,约12cm²大小,用来计算织片的密度。针型、毛纱、密度在编织工艺的计算中缺一不可。

毛纱的粗细、密度与机针号数有一定的对应范围,织针对应的毛纱粗细与密度,即使用毛纱的最大横截面,是由织针、针槽间的空隙来决定。纱线密度与织针的关系为:

$$Tt=K/G^2 \text{或} Nm=G^2/K' \tag{2-1}$$

式中:Tt为纱线线密度;K通常为常数,取值为7000~11000,或K'取7~11,K的数值越小,织物密度值越小,织物的质地越稀松,如羊毛通常取9000或9,腈纶毛纱取8000或8;G为横机织针针号,如7针机、12针机等。

如确定用12针编织腈纶毛纱单面平针,适合的纱线是:

$Tt=K/G^2=8000/12^2=55.5\text{tex}$

$Nm=G^2/K'=12^2/8=18\text{公支}$

织针与纱线密度确定后可根据织片的手感编织样片进行织片密度计算。

二、编织工艺的密度

编织密度决定了毛织品的外观、垂感、尺寸、厚度、重量、手感、强度、弹性和形态。毛织服装编织密度是指单位面积里所含的编织针数和编织转数,因此,毛织服装的编织密度包括横向的织针密度又称横密、纵向的转数密度又称直密(图2-1、图2-2)。横密是指1英寸或1cm长度在平直布片上所含的织针支数,其单位:支/寸或支/cm;直密指1英寸或1cm长度在平直布片上所含的编织的转数,其单位:转/寸或转/cm。

图2-1 横密和直密

图2-2 行数和支数

三、密度的计算

1. 横密的计算

例如：量取某布片的76支针时所得的长度为12寸，求取该布片组织的横向密度？

该布片组织横向密度为：

76支÷12寸=6.333（支/寸）

2. 直密的计算

例如：量取某布片60转时所得的长度为11.4寸，求取该布片组织的直向密度？

该布片组织的直向密度为：

60转÷11.4寸=5.263（转/寸）

注意：求取密度时为了在工艺计算中减少差异，一般都要保留3位有效数字。

3. 新平方密度的计算公式

在毛织服装生产过程中，由于产品重量的限制，往往会引起织物字码的疏结变化，织物字码的变化直接影响其平方密度，为了快速和简便计算新平方密度，可根据如下公式计算：

$$新横密（针）=\frac{原字码拉力}{新字码拉力}×原横密（针） \quad (2-2)$$

$$新直密（转）=\frac{原字码拉力}{新字码拉力}×原直密（转） \quad (2-3)$$

以上公式，只适用于字码拉力变化不大时的计算，超过3分以上的字码不可采用，应重新求取平方密度。

第二节　毛织服装各部位工艺计算公式

毛织服装编织工艺计算是每一个衣片分开计算，通常是先计算后幅衣片，然后是前幅衣片、袖片，再到零部件。计算时要考虑缝耗，还要根据织物的成品密度、产品款式、规格尺寸和额定的缝耗量等因素来综合计算原料的用量。

一、后幅衣片的计算

（一）后幅胸阔针数的计算

1. 后幅胸阔针数计算公式

$$后幅胸阔针数=（胸阔尺寸-1cm）×身横密（针）+缝耗针数 \quad (2-4)$$

式中：1cm是两边摆缝折向后幅的密度，毛织服装的摆缝总是前身折向后身的，宽度一般为1~1.5cm，我们为了方便记忆常取1cm计算，而缝耗针数是根据产品所用的针型和缝盘型号规定，在工艺设计中耗针数一般为：

$3\frac{1}{2}$针——缝耗针数为0支

5针——　缝耗针数为1支

7针 —— 缝耗针数为2支

9针 —— 缝耗针数为2支

12针—— 缝耗针数为4支

14针—— 缝耗针数为4支

2. 后幅胸阔针数计算实例

某款衫其胸阔为48cm，用12针织横向密度为5.8支/cm，求该款衫的后幅胸阔针数？

计算：将已知数代入公式

后幅胸阔针数=（48-1）×5.8+4≈276.6支（取276支）

注意：为了操作和计算方便，针数一般取偶数。

（二）后幅的其他计算公式

1. 后幅肩（膊）阔针数计算

$$肩阔针数=肩阔尺寸×身横密（针）×肩斜修正值+缝耗针数 \qquad (2-5)$$

肩斜修正值主要因衣片成形后，大身肩阔部分受到袖子牵拉而易变阔，故在工艺计算时对肩阔尺寸进行修正。一般单边、柳条、珠地织物肩斜修正值为0.95；四平、罗纹等横向延伸性较小的织物，肩斜修正值为0.97。

2. 挂肩收针计算

（1）挂肩收针次数计算公式

$$挂肩收针次数=（后幅胸阔针数-后幅肩阔针数）÷每次两边收去的针 \qquad (2-6)$$

（2）挂肩收针转数计算公式

$$挂肩收针转数=挂肩收针长度×身直密（转） \qquad (2-7)$$

挂肩收针长度按款式而定，入夹衫、弯夹衫类一般为7～8cm左右。每次每边收去的针数：细针品种一般为2～3针，粗针品针为1～2针。计算时，收针次数不一定是整数，必须采用分段收针的方法，每次收针的针数或转数可采用两种以上的数值，使收针次数凑成整数。

（3）挂肩计算例子：已知某款衫挂肩收针转数为17转，挂肩每边要收去的针数为19针，要求写出其收花型式？

计算：根据所知，其收花型式可写成如下二种：

一种：　　　　　　　二种：

? 转　　　　　　　　? 转

3-2-1　　　　　　　 3-2-3

2-2-7　　　　　　　 2-2-2

2-3-1　　　　　　　 2-3-3

? 转收夹　　　　　　? 转收夹

在毛织服装款式设计中，遵守其"先快后慢或先慢后快"的原则，可以得出挂肩收针后的各种形状。

3. 后领阔针数

（1）后领口外度针数计算公式：

$$后领口针数=[后领阔（外度）尺寸-扩张尺寸]×身横密（针） \qquad (2-8)$$

领口的扩张尺寸按款式和领贴罗纹组织的不同而不同,一般衫型扩张尺寸常取2cm或0.75英寸。除尖膊、马鞍膊衫外,对于这两种的扩张尺寸,我们以后将继续学习。

(2)后领口内度针数计算公式:后领口内度计算时要加上两边领贴阔的尺寸,其公式为:

后领口针数=[后领阔(内度)尺寸+两边领贴阔尺寸−扩张尺寸]×身横密(针) （2-9）

因此,在计算领口时必须明确领口尺寸是内度数据还是外度数据。

4. 后膊收针

(1)后膊收针次数=(后幅肩阔针数−后领口针数)÷每次两边收去针数 （2-10）

(2)后膊收针转数=单肩阔尺寸×身直密(转)×0.727 （2-11）

式中:0.727为膊斜修正值,这种现象一般出现在小平膊后收花款式,而单肩阔尺寸一般为男装8~10cm,女装7~9cm,童装5~7cm。每次每边收针:粗厚织物为1~2支针,细薄织物为2~3支针。

二、前幅衣片的计算

(一)前幅胸阔针数计算公式

1. 前幅胸阔针数计算公式

前幅胸阔针数=(胸阔尺寸+1cm)×身横密(针)+缝耗针数 （2-12）

2. 前幅胸阔针数计算实例

某款衫其胸阔为48cm,用12针织其横密(针)为5.8支/cm,求该款衫的前幅胸阔针数?

计算:把已知数代入公式:前幅胸阔针数=(48+1)×5.8+4≈288.2支(取288支)

3. 衣幅装门襟开衫其前幅胸阔针数计算公式

前幅胸阔针数=(胸阔尺寸+1cm−门襟阔尺寸)×身横密(针)+缝耗针数 （2-13）

4. 连门襟开衫其前幅胸阔针数计算公式

前幅胸阔针数=(胸阔尺寸+1cm+门襟阔尺寸)×身横密(针)+缝耗针数 （2-14）

在毛织服装工艺设计中,装门襟开衫与连门襟开衫不同,装门襟开衫(图2-3)是指门襟在产品中有明显效果,占一定的尺寸;而连门襟开衫(图2-4)在产品中无明显效果,起到托底作用,亦称门襟托底。

图2-3　装门襟开衫

图2-4　连门襟开衫

（二）前幅的其他计算公式

1. 挂肩收针次数，即收夹次数，前幅一般比后幅多收1～2次，因此前身挂肩收针针数相应比后幅多一些，但前幅收夹转数要与后幅收夹一样，否则缝合时夹位不能夹花对夹花。一般型式如：

后幅挂肩夹型为： 而前幅挂肩夹型为：

  ?转   ?转

  3-2-8   3-2-4

  2-2-3   2-2-9

  ?转收夹   ?转收夹

只有按照这种计算方式，缝出来的产品圆顺、对色、对花，也符合毛织服装工艺设计要求。

2. 前幅肩阔针数计算公式

$$前幅肩阔针数=前幅胸阔针数-前幅挂肩夹位收去的针数 \quad (2-15)$$

三、身长转数计算

（一）身长转数公式

$$身长转数=(身长尺寸-衫脚高度尺寸) \times 身直密(转)+缝耗转数 \quad (2-16)$$

但在前后身的转数有一定的分配，一般直夹直膊衫、入夹衫、弯夹衫品种，前后有转数相等或前身略多后身1～2转，除肩线走前外；而平膊平袖和收针裁剪品种，前身比后身长1～1.5cm转数；另外尖膊衫等斜袖品种后身比前身长1.5～2cm转数，具体情况要按袖尾阔而定，不能千篇一律。

（二）膊斜做锁边缝合的前后幅挂肩转数计算公式

一般情况下，挂肩转数计算公式为：

$$挂肩转数=夹上转数-膊（肩）斜转数 \quad (2-17)$$

1. 后幅挂肩转数

$$后膊挂肩转数=[夹阔（直度）尺寸-2cm] \times 身直密(转) \quad (2-18)$$

2. 前幅挂肩转数

在毛织服装编织工艺中，前幅挂肩转数一般以比后幅挂肩转数多2转进行计算。

3. 后幅挂肩平摇转数

$$后幅挂肩平摇转数=挂肩转数-收夹转数 \quad (2-19)$$

4. 前后幅夹上转数计算公式

$$后幅夹上转数=后幅挂肩转数+膊斜转数 \quad (2-20)$$

$$前幅夹上转数=前幅挂肩转数+膊斜转数 \quad (2-21)$$

（三）后膊做收花的小平膊产品的夹上转数计算

1. 后膊收花夹上转数计算公式

$$后膊收花夹上转数=后幅挂肩转数+\frac{后膊收花转数}{2} \quad (2-22)$$

2. 后幅夹上转数计算公式

$$后幅夹上转数 = 后幅挂肩转数 + \frac{后膊收花转}{2} \quad (2-23)$$

3. 前幅夹上转数计算公式

$$前幅夹上转数 = 前幅挂肩转数 + \frac{后膊收花转}{2} \quad (2-24)$$

（四）衣身其他部位计算

1. 领深计算公式

$$领深转数 = （领深尺寸 \pm 测量因素） \times 身直密（转） \quad (2-25)$$

2. 衫脚计算公式

（1）衫脚罗纹转数计算：

$$衫脚罗纹转数 = （衫脚高尺寸 - 上疏空转长度） \times 罗纹直密（转） \quad (2-26)$$

注意：上疏空转长度一般定为0.2cm，织脚罗纹时，圆筒先行面，这样使上疏边缘正面光洁。

（2）衫脚阔开针工艺计算：衫脚阔开针工艺计算在毛织服装设计中是比较复杂的一项，其开针针数要按罗纹组织（1×1罗纹、2×1罗纹、3×2罗纹、3×3罗纹、圆筒脚等）、衫脚阔尺寸来确定计算的。所以说前、后幅开针针数与胸阔针数不一定是相等的，以后我们在工作中一定要谨慎计算。

四、袖子的计算

（一）袖阔最大针数

1. 袖阔最大针数的定义

袖阔最大针数即是袖加完针时的所有针数通常也叫作袖夹阔。

2. 袖阔计算公式

$$袖阔最大针数 = 袖阔尺寸 \times 2 \times 袖横密（针） + 缝耗针数 \quad (2-27)$$

3. 袖阔尺寸计算方法

在毛织服装产品中，已知挂肩尺寸（即夹阔尺寸）后，取袖山高（男装袖山高9~11cm，女装10~12cm，童衫7~8cm），然后可计算袖阔尺寸；但一般生产设计中，其袖山高尺寸一般由客人决定。

4. 袖阔尺寸计算公式（根据实践经验）

$$袖阔尺寸 = 夹阔（挂肩）尺寸 - 测量因素 \quad (2-28)$$

在毛织服装款式设计工艺中，测量因素是男女装2~3cm，童装1~1.5cm，但最终由款式来决定。

（二）直夹直膊衫型中袖阔与夹阔之间的关系

（1）袖阔尺寸=夹阔尺寸（即挂肩尺寸）。

（2）例如，某款直夹直膊衫的夹阔 $8\frac{1}{2}$ 寸，其袖阔尺寸亦为 $8\frac{1}{2}$ 寸。

（三）弯夹衫型中袖阔与夹阔的关系

（1）夹阔与袖阔尺寸相差至少4~5cm以上。

（2）例如，某款弯夹衫的夹阔尺寸为21cm，其袖阔尺寸在工艺计算中做16cm即可。

其关系为：袖阔尺寸=夹阔尺寸-（4~5cm）

（四）夹膊衫型中，袖阔与夹阔之间的关系

（1）夹阔与袖阔尺寸相差6cm左右。

（2）例如，某款尖膊衫的袖阔为18cm（一般设计工艺中只知袖夹尺寸），其夹阔尺寸在工艺计算中做24cm即可。

其关系式：

$$夹阔尺寸=袖阔尺寸+6cm \qquad (2-29)$$

（五）马鞍膊衫型中袖阔与夹阔之间的关系

马鞍膊衫型中夹阔比袖阔小2.5cm左右，例如某款马鞍膊衫的袖阔为22cm，其夹阔尺寸在工艺计算中做19.5cm即可，其计算公式为：

$$夹阔尺寸=袖阔尺寸-2.5cm \qquad (2-30)$$

在马鞍膊款式计算中，常常在工艺生产单上不直接给出夹阔尺寸和膊阔尺寸，经过大量的实践经验，总结得出如下计算方法：

1. 男马鞍膊计算

$$男装膊阔=胸阔尺寸×0.75 \qquad (2-31)$$
$$男装夹阔尺寸=胸阔尺寸×0.55 \qquad (2-32)$$

2. 女马鞍膊计算

$$女装膊阔=胸阔尺寸×0.75 \qquad (2-33)$$
$$女装夹阔尺寸=胸阔尺寸×0.5 \qquad (2-34)$$

（六）插肩袖的夹阔与胸阔的关系

1. 男装夹阔尺寸=胸阔尺寸×0.55 （2-35）
2. 女装夹阔尺寸=胸阔尺寸×0.5 （2-36）

（七）袖山头针数的计算

袖山头针数即是袖子收完夹时所剩的针数，但对直夹直膊衫来说，袖山头针即是袖加完针的最阔针数，而对弯夹衫来说其袖山头针数一般规定为10~12cm阔的尺寸的针数，当然这一点对毛织服装设计来说，不是固定的，也可以做14cm或更大些，所以说袖山头针数依据不同款式和不同的要求而不同。

1. 袖山收针次数计算公式

$$袖山收针次数=（袖阔最大针数-袖山头针数）÷每次两边收去针数 \qquad (2-37)$$

2. 袖口罗纹开针针数计算公式

$$袖口针数=袖口阔尺寸×2×袖口罗纹横密（针）+缝耗针数 \qquad (2-38)$$

根据实践经验，袖口尺寸男衫为11~13cm阔，女衫为10~12cm阔，童装衫为8~9cm阔，具体工艺尺寸按规格要求、罗纹弹性和坯布组织而定。

3. 袖长转数的计算公式

（1）袖长转=（净袖长尺寸-袖口高尺寸）×袖直密（转）+缝耗针数×0.95　　（2-39）

式中，0.95是袖山的修正值，因为毛织服装产品中，袖山的实际尺寸往往受到袖子牵拉而变长（除短袖及弹性较好的织物外）。所以，我们在编织工艺中结合实际情况乘以其修正值。

（2）如果已知全袖长，则要依据其款式及量法来求取其净袖长才能计算。

4. 直夹、弯夹、入夹衫的计算

对于直夹、弯夹、入夹衫来说，若知全袖长（后中度）尺寸，则必须减去$\frac{领阔}{2}$尺寸才能计算。

5. 尖膊、马鞍膊衫的计算

对于尖膊、马鞍膊衫来说，若知全袖长（后中度）尺寸，则必须减去$\frac{领阔}{2}$尺寸才能计算。

6. 袖口罗纹转数计算公式

袖口罗纹转数=（袖口高尺寸-上梳空转长度）×袖罗纹直密（转）　　（2-40）

7. 袖山加针次数和转数的计算公式

（1）袖山加针次数=（袖阔最大针数-数袖口针数）÷袖每次两边加针针数　　（2-41）

（2）袖山加针转数=袖长转数-袖子收针转数-袖加完针时平摇转数　　（2-42）

袖山加针每次每边一般加1支针，袖加完针时平摇转尺寸一般为3~5cm，如计算加针次数不为整数，则采用分段加针。

8. 袖山收针转数的计算和确定

（1）在毛织服装中，袖收针转数因其款式不同而不同，一般对于入夹衫来说，袖山收夹转数比前后夹转相同或接近，但要加2转缝耗。而对于弯夹衫来说其收夹转数计算公式如下：

袖山收针转数=（前后幅挂肩总转数-袖山阔尺寸转数）×身直密（转）÷2×0.95　　（2-43）

（2）对于尖膊衫来说，袖收夹转与后幅收夹转相同或相近，对于马鞍膊衫来说，袖收夹转数计算公式如下：

袖收夹转数=（夹阔尺寸-修正尺寸）×袖身直密（转）　　（2-44）

公式中，修正尺寸一般取2cm（即0.75英寸）计算，而马鞍膊衫的夹阔尺寸往往不知道，只知道其袖阔尺寸，我们可采取如下公式计算：

9. 马鞍膊衫夹阔计算公式

夹阔尺寸=[袖阔尺寸-（2~2.5cm）-修正尺寸]×袖身直密（转）　　（2-45）

（八）毛织服装缝耗设定

毛织服装的缝耗一般为1~1.5cm。因此，毛织织片的缝合是以所留织针支数为缝耗量，在工艺中通常缝耗针数为：

1.5、3.5针缝合针数为1针，由于粗针织片线卷也大，在缝耗计算中可不计。

5针，缝合针数1针，缝耗计1支。

7针，缝合针数2针，缝耗计2支。

9针，缝合针数2针，缝耗计2支。
12针，缝合针数4针，缝耗计4支。
14针，缝合针数4针，缝耗计4支。
16针，缝合针数4针，缝耗计4支。

五、毛织裙的计算

（1）裙阔要加大3cm计。
（2）裙头尺寸要比实际尺寸加大7~8cm计。
（3）裙长转数=（裙长尺寸−裙脚）×身直密（转）+2转缝耗 　　　　（2-46）
（4）裙脚罗纹字码不宜过结。
（5）注意裙身在编织接近裙头位置时有3cm的直位不用收针。

六、毛织裤的计算

（1）裤脚宽针数=裤脚宽×2×横密×1.3（罗纹弹力因素） 　　　　（2-47）
（2）裤宽针数=裤宽×横密×1.05（适当放宽因素） 　　　　（2-48）
（3）裤头宽针数=裤头宽×横密×1.2（略为放大的因素） 　　　　（2-49）
（4）裤长转数=（裤长−裤脚高−裤头高）×直密 　　　　（2-50）
（5）裤裆高转数=（裤裆高−裤头高）×直密 　　　　（2-51）
（6）通常做5cm左右。

第三节　毛织经典衫型编织工艺的基本计算要求

毛织服装的经典款式包括弯夹衫、尖膊衫和入夹衫，学习这几件毛衫的编织工艺有利于融会贯通地掌握毛织服装编织工艺的计算步骤。在编织工艺运算中，为了方便计算和避免错误，最好先写出各部位的针数、转数后再进行计算。

一、弯夹衫计算工艺

弯夹衫的衣片有收夹工艺，且收夹线圆顺流畅，肩部有肩斜工艺，肩斜通过收膊花或裁剪处理，袖片有袖山设计（图2-5）。

图2-5　弯夹衫

1. 弯夹衫计算步骤

(1) 先计算总转数

(2) $\dfrac{膊支数}{夹上转数}$ ⎫

(3) $\dfrac{收夹每边针数}{收夹转数}$ ⎬ Ⅰ. 计袖最阔针数=夹阔$-1\dfrac{1}{4}$英寸 （2-52）

(4) $\dfrac{胸阔针数}{下身转数}$ 计（此公式在不知袖阔情况下用）

(5) $\dfrac{加腰每边针数}{加腰转数}$ Ⅱ. 挂肩转数$-2cm$或$\dfrac{1}{4}$英寸计

(6) 腰阔针数 Ⅲ. 膊阔$\times 0.95=$膊阔针数$\times 0.95$ （2-53）

(7) $\dfrac{收腰每边针数}{收腰转数}$ Ⅳ. V领领深照计+2转缝耗

Ⅴ. 袖尾剩针阔做10~12cm

Ⅵ. S、M、L码收夹转可一样，相差尺寸放在袖尾上

2. 弯夹衫收针形式

弯夹衫收针如图2-6所示，图中A、B两段通常是在弯夹的$\dfrac{1}{2}$处，A段是直位，B段是弯位。

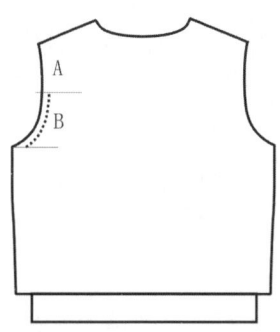

图2-6 弯夹衫收针

二、尖膊衫计算工艺

尖膊衫如图2-7所示，又称插肩衫，就是将袖山插到领口部位，成为肩的一部分，也可以说袖山与肩连成一体，没有肩斜位。

图2-7 尖膊衫

下面是袖尾阔做3英寸时的尖膊计算工艺：

（1）计后身转数-1英寸计。

（2）前身转数比后身转数少$\frac{3}{4}$英寸转。

（3）夹阔（斜度）-1英寸计即可。

（4）袖阔比夹阔做细6cm即$2\frac{3}{8}$英寸。

（5）袖尾剩针做3英寸阔，按摺后为1英寸，偏前为2英寸的分配原则。

（6）后领阔针-3英寸计，前、后领针可相同。

（7）前领深转数减偏前2英寸袖尾计。

三、马鞍膊衫计算工艺

马鞍膊衫与插肩相仿，仔细看有区别，即夹的部位形如马鞍形，所以称为马鞍膊，工艺上相对弯夹衫要复杂（图2-8）。

图2-8　马鞍膊衫

1. **后身总转数计算公式**

$$后身总转数=（身长尺寸-脚高-2cm）×身直密 \quad (2-54)$$

2. **领阔针数计算公式**

$$领阔针数=领阔尺寸-4cm \quad (2-55)$$

3. **袖尾阔尺寸**

袖尾阔尺寸做9~10cm阔。

4. **前身总转数计算公式**

$$前身总转数=（身长尺寸-脚高-2cm-袖尾阔尺寸）×身直密+2转缝耗 \quad (2-56)$$

所以，马鞍膊款式中，前身总转数比后身总转数少7.5cm转。

5. **身位转数计算公式**

$$身位转数=夹转+中转+膊转 \quad (2-57)$$

6. **后膊转数计算公式**

$$后膊转数=膊阔×身直密×0.727 \quad (2-58)$$

7. **后夹收花**

后夹收花先快后慢，如：

3转完

1—2—22

9转收膊花

3—2—6

2—2—10

？转

（后夹收花型式）

8. **前夹收花**

前夹收花先慢后快，如：

3转完

2—1—16

3—2—8

？转

（前夹收花型式）

9. **袖加完针最大针数计算公式**

袖加完针最大针数=袖阔尺寸（夹底直度）×袖横密（针）×2×1.05　　（2—59）

例：某款马鞍膊衫夹阔（夹底直度）为25cm，其袖横密为3.838支/cm，求其加完针最大针数应取多少？

根据分析得：袖加完针最大针数=25×3.838×2×1.05≈200（支），所以该袖加完针最大针数应取200支。

10. **袖尾剩针计算公式**

一般在毛织服装中，马鞍膊男装袖尾阔尺寸做9.5cm，女装袖尾阔做8.5cm。

故：男装袖尾剩针=9.5×袖横密（针）　　（2—60）

女装袖尾剩针=8.5×袖横密（针）　　（2—61）

11. **后膊收花转数计算公式**

若后幅做后膊收花，袖尾做法要分左右：袖收花那一边沿与后膊边相缝接，后膊收花转数计法与其他款式后膊收花转数计法相同。其公式为：

后膊收花转数=前幅单肩阔针数÷身横密（支）×身直密（转）×0.727　　（2—62）

其后膊及袖尾做法工艺如下（只供参考）：

后膊收花形式　　　　　袖尾分左右织法形式

2转完　　　　　　　　　5转完

1—2—25　　　　　　　3—3—7

8转收膊花　　　　　　　3转分左右收花

收完夹针后织　　　　　收完夹针后织

四、入夹衫计算工艺

入夹衫是因袖窿线形似汉字"入"得名，袖隆线是两条直线组成的，即袖窿的成型方式为先减针后直织（图2-9）。

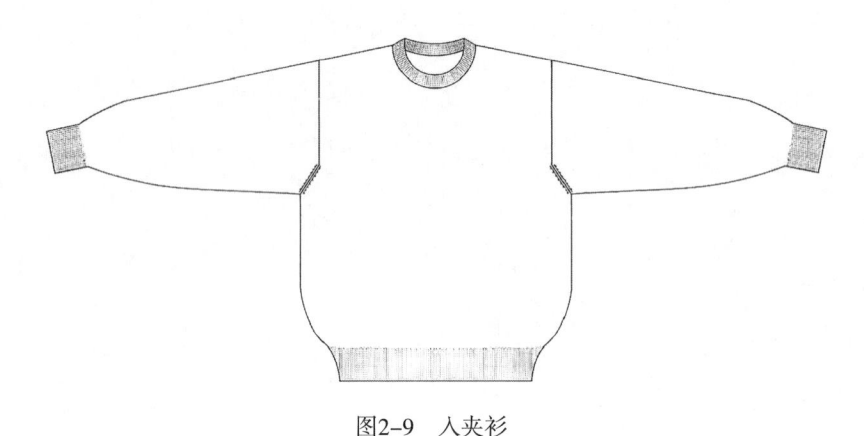

图2-9　入夹衫

（1）半胸衫贴长照计。

（2）挂肩转数 $-\frac{1}{2}$ 寸计（不含膊斜转）。

（3）入夹衫收夹转做6~7cm，而一般计时要占夹阔尺寸3成即0.3倍计，如：夹阔尺寸为9寸，收夹转做9×0.3=2.7寸计。

（4）后领落纱或挑领中直位占后领阔7~7.5成，即0.7~0.75倍。

（5）前领中直位占领针3成即可，即适用于普通圆领，而船领计法不同。

（6）身阔尺寸-1cm计后身胸围针数，也等于后幅开针针数，只适用于直脚衫型类。

（7）身阔尺寸+1cm计前身胸围针数，也等于前幅开针针数，只适用于直脚衫型类。

（8）肩线走前1cm的话，计全长转数公式：

$$后身长转数=身长尺寸+1cm \qquad (2-63)$$
$$前身长转数=身长尺寸-1cm \qquad (2-64)$$

这样，前、后身长转数就相差2cm转了，所以做出来的衫片是后片比前片长2cm转。其中后身长有1cm转数偏前了。

五、袖夹形式与收针方法

1. 袖夹收针的基本形式

（1）袖夹的形式直接影响到该部位的收针变化，一般有弯夹（图2-10）、直夹（图2-11）和入夹三种形式（图2-12）。

（2）工艺要求如下：

A位：尽量急收，或一转收一针，使其夹圆顺。

B位：直织。

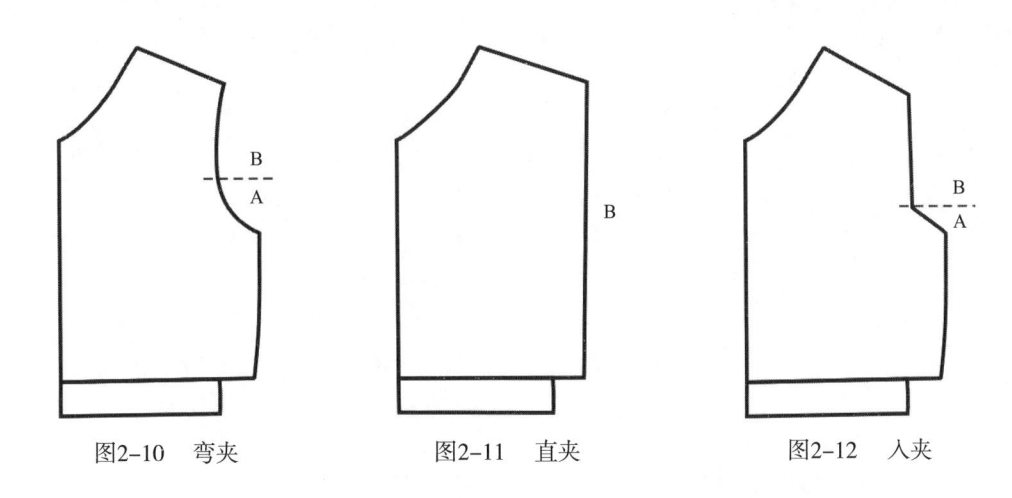

图2-10　弯夹　　　　　图2-11　直夹　　　　　图2-12　入夹

2. **袖夹收针的方法**

（1）弯夹夹型收针。弯夹收针工艺原则为先慢后快，从而使其夹型够弯、够圆顺。收针方法如下：

中挑孔
1-2-3（无边）
2-3-?
2-2-?
3-2-?

（2）入夹夹型收针，其收花工艺先快后慢亦可先慢后快，如：

先快后慢型　　　　　先慢后快型　　　　　　O
　　O　　　　　　　　　O　　　　　　　　中孔挑
中转孔　　　　　　　中孔挑　　　　　　　　1转
2转　　　　　　　　　2转　　　　　　　　$\frac{1}{2}$-2-4（无边）
3-2-?　　　　　　　　2-3-?　　　　　　　　1-2-2
2-2-?　　　　　　　　2-2-?　　　或　　　　2-3-?
2-3-?　　　　　　　　3-2-?　　　　　　　　3-2-?

思考与练习

1. 已知某毛织织物布片开150支针、织120转经洗水处理后，顺烫得出的横向尺寸为11.375英寸，直向尺寸为10.625英寸。求该组织布片的横密和直密各是多少？

2. 选择一件经典款毛织服装，计算出各主要部位的针数和转数。

毛织服装编织工艺中的特殊工艺

> **课题名称**：毛织服装编织工艺中的特殊工艺
> **课题内容**：半开襟衫的工艺要求
> 　　　　　　袖阔与夹阔之间的工艺分析
> 　　　　　　常见领型的计算和工艺要求
> **课题时间**：3课时
> **教学目的**：了解半开襟衫的工艺要求，掌握常见衫型领的位置计算和工艺要求。
> **教学方式**：案例教学法、体验式教学法

第三章　毛织服装编织工艺中的特殊工艺

第一节　半开襟衫的工艺要求

一、半开襟衫的基本形式

半开襟衫型又称为T恤衫，其外形似字母T字，其实就是一种翻领半开襟服装，开襟的形式有装门襟式（图3-1），连门襟式（图3-2），装拉链式（图3-3），还有敞口式（图3-4）。

图3-1　装门襟式

图3-2　连门襟式

图3-3　装拉链式

图3-4　敞口式

虽然现在很多服装门襟都不按照男款、女款来决定开襟方向，但传统的门襟一般在工艺设计上有男女之分。一般男装在右手边钉纽扣，左手边开纽门；女装在左手边钉纽扣，右手边开纽门。这里的左、右都是按穿着方向确定的。门襟通常确定在前幅中位上，看版单要求来确定是落纱或套针，还是中留多少支，两边抽空1支直上的做法来完成门襟位置工艺。其中落纱、套针、中留多少支是由门襟阔尺寸决定的。装门襟做底托半胸衫，门襟位置要看男、女装来决定。

二、半开襟衫工艺要求

1. 门襟位置针数计算公式

（1）男装门襟位置针数计算公式。

$$机尾边右手边针数 = \frac{胸阔针数/不计减针}{2} + \frac{门襟阔所占针数}{2} \quad (3-1)$$

$$机头边左手边针数 = \frac{胸阔针数/不计减针}{2} - \frac{门襟阔所占针数}{2} \quad (3-2)$$

（2）女装门襟位置针数计算公式。

装门襟托底半胸衫

$$机尾边右手边针数 = \frac{胸阔针数/不计减针}{2} - \frac{门襟阔所占针数}{2} \quad (3-3)$$

$$机头边左手边针数 = \frac{胸阔针数/不计减针}{2} + \frac{门襟阔所占针数}{2} \quad (3-4)$$

需要注意的是：男装衫穿起来时左边部分少而右边部分多；女装衫穿起来时右边部分少而左边部分多。

2. 领贴工艺的做法

反领领贴做法区分于男、女，一般男后领领贴不收花，而女装反领领贴收花，其一般编织工艺格式如下：

| 圆筒？转放1转疏眼再元全2转间纱完3转 |
| A—B—C（留多少支边） |
| 勿圆筒1转 平3转 |

开？支勿针底包

注意：一般 $3\frac{1}{2}$ 针、5针等粗针品种留2支边其收花型式2—1—？（留2支边）。而对7针、9针、12针、14针、16针等细针品种留3支边，其收花型式为3—2—？（留3支边）。

工艺格式中字母A表示转数，B表示针数，C表示次数，所以形式中"A—B—C"可读作A转减B支共减C次。

遵照上面工艺做法，可织出女装领形（图3-5）和男装领形（图3-6）。

图3-5　女装领　　　　　　　　　图3-6　男装领

第二节　袖阔与夹阔之间的工艺分析

袖阔即袖宽，夹阔即袖窿宽。毛织服装的款式不同，其夹阔尺寸与袖阔尺寸则不同，故编织工艺也不同。

一、几种常态关系

有以下三种计算方式：

（1）如果夹阔尺寸为24cm，袖阔尺寸为22cm，夹阔尺寸与袖阔相差2cm，用旧平膊计算，做入夹衫款式。

（2）如果夹阔尺寸为26cm，袖阔尺寸为23cm，夹阔尺寸与袖阔尺寸相差3cm，用新平膊计算。

（3）如果夹阔尺寸为26cm，袖阔尺寸为22cm，夹阔尺寸与袖阔尺寸相差4cm；亦用新平膊计算。

二、几种特殊关系

在毛织服装设计工艺中，袖加完针平摇转数尺寸一般为$1\frac{1}{2}$英寸或3cm。然而在实际操作中，时常遇到袖阔与夹阔尺寸只知道其中一个尺寸的情况，我们必须根据款式来确定另一个未知的尺寸，其工艺关系为：

（1）直夹衫款式夹阔尺寸与袖阔尺寸相等。

如：直夹衫款式，夹阔尺寸为22cm，其袖阔尺寸亦为22cm。

（2）入夹衫款式，夹阔尺寸与袖阔尺寸相差2~3cm。若夹阔尺寸为24cm，其袖阔尺寸做21cm即可。

（3）弯夹衫款式，夹阔尺寸与袖阔尺寸相差4~5cm。若夹阔尺寸为26cm，其袖阔尺寸为21cm即可。

（4）尖膊衫款式，夹阔尺寸与袖阔尺寸相差6cm。若夹阔尺寸为27cm，其袖阔尺寸做21cm即可。

（5）马鞍膊衫，夹阔尺寸（夹下量至夹顶）与袖阔尺寸相差2cm。若夹阔尺寸（夹位度至夹顶）为23cm，其袖阔要做25cm。

三、几个要点

（1）如果新、旧平膊左后膊收花时，除单边、罗纹组织不变外，其余的珠地、柳条、三平等膊阔要做细2cm，否则膊阔尺寸比实际规定尺寸大。

（2）在编织工艺中，珠地、柳条、三平、打花等织物织完后均要平织2转再间纱，否则不能锁眼，不能上盘。有些织物在特殊情况下，要过面单边织2转再织间纱。

（3）对于粗针品种，膊斜工艺不能锁边处理，必须做套针或收膊花来完成。

第三节　常见领型的计算和工艺要求

毛织服装的常见领型包括立领、翻领、V领、杏领和圆领，下面对这几种常见领型的编织工艺进行讲解。

一、常见领型的计算工艺

1. 立领编织工艺

此类领型，在设计工艺上一般做收完领花后直位平摇2cm转数，字码不宜过结，否则不能过头笠，有必要时领要做疏、结两种字码，领收花转数占领深转数的 $\frac{2}{3}$，平摇转数占领深的 $\frac{1}{3}$（图3-7）。

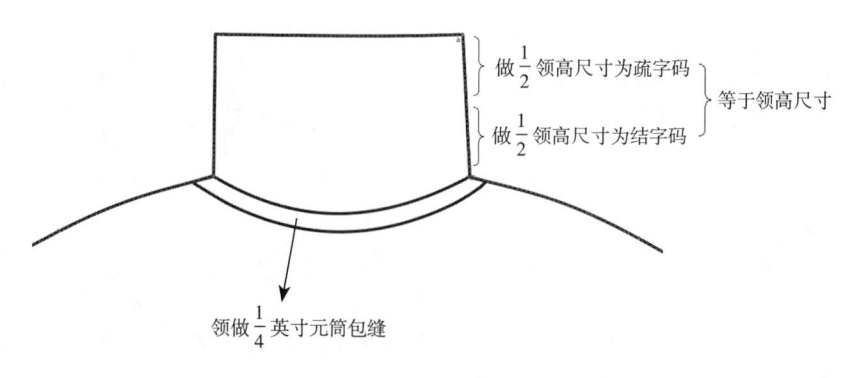

图3-7　立领可翻折领形的编织工艺

2. 翻领编织工艺

（1）翻领形式如图3-8所示，此类领型在设计工艺上做法跟V领做法无异，都是做收完领花后织2cm高度。

反出要有7cm

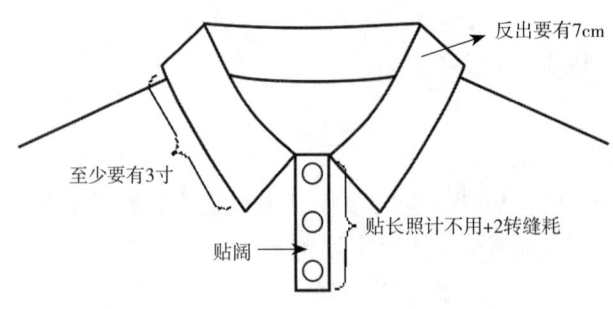

至少要有3寸

贴阔

贴长照计不用+2转缝耗

穿起来计：男装左边少，右边多；女装右边少，左边多。

即男装左冚右，左边为纽门，右边为纽扣；

女装右冚左，右边为纽门，左边为纽扣。

图3-8 翻领工艺

（2）翻领工艺要求如图3-9所示。

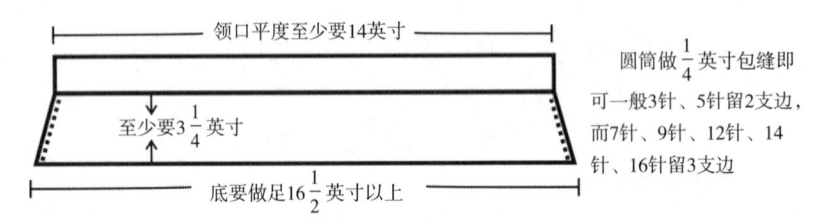

领口平度至少要14英寸

至少要$3\frac{1}{4}$英寸

底要做足$16\frac{1}{2}$英寸以上

圆筒做$\frac{1}{4}$英寸包缝即可一般3针、5针留2支边，而7针、9针、12针、14针、16针留3支边

图3-9 翻领工艺要求

3. V领与杏领的做法与区别

初学者工艺核算中往往会把V领（图3-10）与杏领（图3-11）的做法混淆，V领的两边比较直，而杏领的两边是弧线，两者在工艺做法上是有区别的。

（1）V领，收完领花后直位平摇转数好，尺寸不能超过2cm。

（2）杏领收完领花后直位转数尺寸要做2.5cm以上。

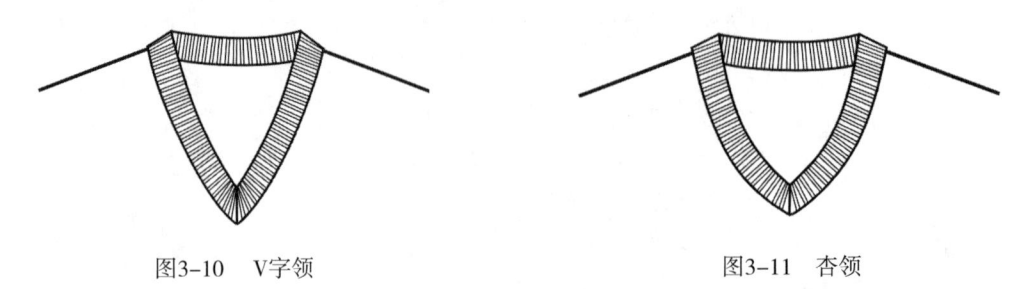

图3-10 V字领　　　　　　　　图3-11 杏领

注意在缝盘过程中，肩线要抛后1cm。除特殊衫型外，如有些衫型要求肩线走前的，我们在编织工艺计算中要谨慎注重。

二、领附件的开针工艺

领附件一般指领贴，在编织工艺也被称为"下栏"，即对领子边缘进行包边或拼合的布条。如果下栏开针不符合工艺要求会造成领围和领贴难以缝合，影响衫型效果，因此领附件的编织工艺计算不可随意，下面介绍领开针工艺的几种方式：

（1）圆领开针时要斜角。

（2）V领、杏领要开包针，一般采用底包较为理想。

（3）手挑樽领1×1罗纹开底包针。

（4）手挑衫脚1×1罗纹开面包针。

（5）手挑后领1×1罗纹开面包针。

（6）手挑1×1罗纹双层领开面包，挑半支，挑好后领底、面一样。

（7）领包边条开针有如下几种方法：

参考一：$\dfrac{X000XXXXXXXXXXXXXX}{XXX0XXXXXXXXXXXXXX}$

参考二：$\dfrac{XX0XXXXXXXXXXXXXXX}{X0XXXXXXXXXXXXXXXX}$

参考三：$\dfrac{X0XXXXXXXXXXXXXXX}{X0XXXXXXXXXXXXXXXX}$

以上几种编织均要密针四平，字母X表示正在工作的织针，数字0表示空针位置。

三、领位针数的计算公式

1. 后领领位针数计算公式

$$后领中直位针数 = 后领阔针数 \times (0.7\text{~}0.75) \quad (3\text{-}5)$$

2. 前领领位针数计算公式

$$前领中直位针数 = 前领阔针数 \times (0.25\text{~}0.3) \quad (3\text{-}6)$$

3. 前后领位针数位置

前后领的中直位针数位置是指领深位置的水平针数，如图3-12所示。

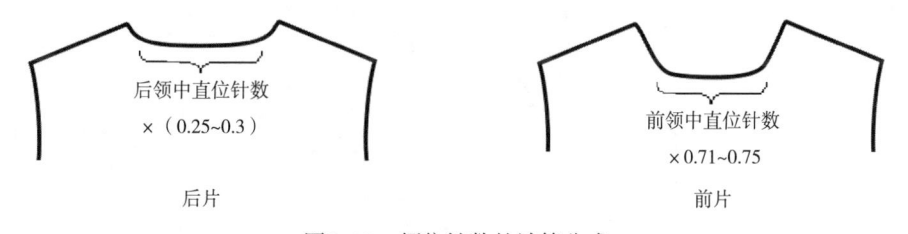

图3-12 领位针数的计算公式

四、圆领收针工艺

1. 领阔针数计算

领阔（外度）尺寸-2cm为领口针数。

2. 收领工艺

（1）圆领收花工艺一般先速后慢，形式如：

2-1-1
2-2-2
2-3-3

（2）领位收花转数占领深转数的 $\frac{1}{2}$。

（3）收完领的平摇转数占领深转数的 $\frac{1}{2}$。

（4）前、后夹收花工艺均先快后慢，其形式如图3-13所示。

    3-2-?
    2-2-?
    2-3-?

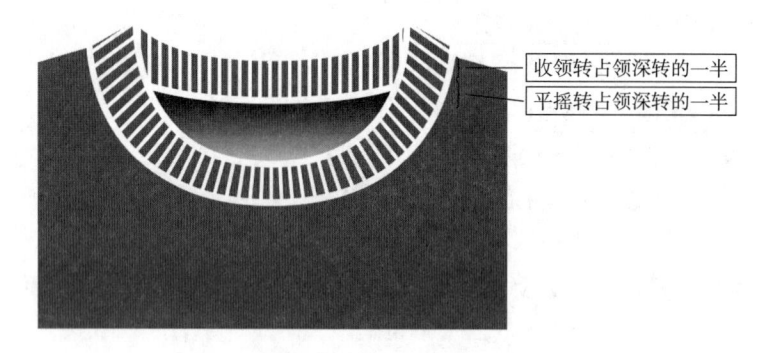

图3-13　前、后夹收花工艺

思考与练习

1. 入夹衫款式其夹阔尺寸与袖阔尺寸相差多少？
2. 弯夹衫款式其夹阔尺寸与袖阔尺寸相差多少？
3. 尖膊衫款式其夹阔尺寸与袖阔尺寸相差多少？
4. 马鞍膊款式其夹阔尺寸与袖阔尺寸相差多少？
5. V领与杏领的编织工艺有何区别？

应用实操——

毛织服装编织工艺实操案例

课题名称： 毛织服装编织工艺实操案例

课题内容： 组合式披肩围巾编织工艺
彩条谷波短裙编织工艺
无袖原身出高领女装编织工艺
杏领间色长袖女装编织工艺
船领插肩中袖挑孔女装编织工艺
翻领绞花长袖男开衫编织工艺
双层领直夹女装编织工艺
青果领开襟长袖男装编织工艺

课题时间： 22课时

教学目的： 通过实操案例，由浅至深地掌握不同款式的毛织服装编织工艺技能。

教学方式： 案例教学法、体验式教学法

第四章 毛织服装编织工艺实操案例

第一节 组合式披肩围巾编织工艺

一、组合式披肩围巾款式与色彩分析

1. 组合式披肩围巾款式分析

该款围巾的款式是由两块长方形拼接设计而成，两块长方形的尺寸相同，长115cm，宽59cm，在任意一头缝合50cm即可。围巾的正反两面分别为灰色和橙红两色设计，但在两端分别进行了颜色交错设计。同时，在围巾的两端分别设计了9cm长的流苏。在拼接处设计了一个小商标，可以防此围巾的拼接口因拉扯而撕裂。该款拼接组合的围巾设计，相比一片式的围巾在设计上多了结构变化，增加了围巾使用功能（图4-1）。

2. 组合式披肩围巾色彩分析

该款围巾（图4-1）为组合式披肩围巾，在围巾的表面和底面呈现出两种颜色，一种是灰色，另一种是橙色，两种颜色在面和底以面积不等式交错呈现。虽然只使用了灰色和橙红两种颜色，但在设计上很精细，围巾的左右两边分别设计了4.3cm的灰色和橙红色交互面，且围巾边沿颜色进行交错设计，分别在灰色面设计了0.2cm的橙红色边，在橙红色面设计了0.2cm的灰色边，围巾的流苏为灰色与橙红两色混合，整个围巾在色彩设计上体现出很好的层次感。

图4-1 披肩围巾实物图

二、组合式披肩围巾编织工艺分析

（1）毛料：$\frac{2}{26}$兔毛，1条毛织。

（2）针型：7针。

（3）组织：圆筒提花组织布片。

（4）密度：横向密度=3.88支，直向密度=2.52转。

（5）客户尺寸：宽=56cm，长=110cm。

三、组合式披肩围巾编织工艺

（1）工艺计算：宽56cm×横向密度3.88支=217支针

　　　　　　　长110cm×直向密度2.52转=277转

（2）编织工艺格式如图4-2所示。

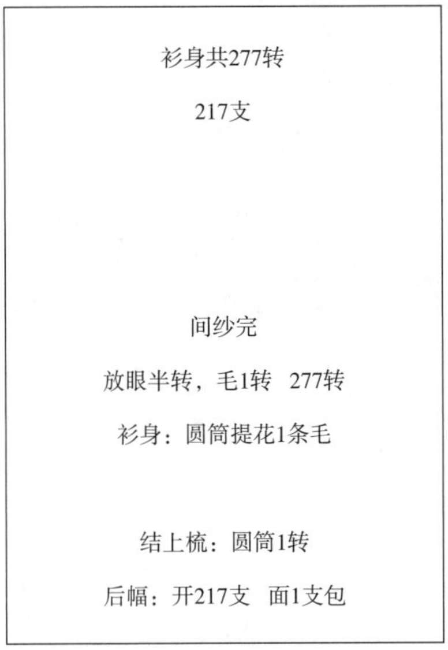

```
           衫身共277转

              217支




              间纱完

         放眼半转，毛1转  277转

         衫身：圆筒提花1条毛


         结上梳：圆筒1转

         后幅：开217支  面1支包
```

图4-2　组合式披肩围巾编织工艺

（3）缝盘要求：用配色毛纱缝合，流苏头尾接缝。

第二节　彩条谷波短裙编织工艺

一、彩条谷波短裙款式与花型分析

1. 彩条谷波短裙款式分析

该款彩条谷波短裙为收腰短筒裙，腰高4.5cm，裙身长32.5cm，腰部尺寸为62cm，裙摆周长与裙臀周长尺寸一致为73cm，体现毛织弹性好的特点。该款短裙共设计了11条谷波彩条，彩条的谷波宽为0.4cm，每间隔2.5cm设计一条谷波彩条，裙摆线至第一条谷波条为3.5cm，最后一条谷波条到腰节为0.5cm（图4-3）。

2. 彩条谷波短裙色彩分析

该款短裙（图4-3）为彩横条装饰，即在裙身表面由四个颜色重复设计出凸起的横向彩条进行，四个颜色分别是湖蓝、白、红、橙，四色为一组，共重复三次。裙身为宝蓝色，深而不闷，使彩条的视觉效果特别突出，也增加了裙子的设计感。

图4-3 彩条谷波短裙实物图

3. 彩条谷波短裙花型分析

该款短裙（图4-3）全身采用的是四平谷波彩横条花型设计，腰头是1×1罗纹，腰头内串较宽橡筋设计，毛织面料有弹性，因此不需要设计腰头开口或安装拉链，穿着十分方便，裙摆边有约1cm圆筒设计，防止裙口卷边变形。

二、彩条谷波短裙编织工艺分析

1. 组织和材料分析

（1）全件四平谷波组织。

（2）裙贴1×1罗纹组织双层。

（3）12针1条2/32丝光棉皿140D高弹。

2. 编织工艺分析

（1）裙大身做1整幅。

（2）裙头双层包，穿松紧带。

（3）间色组合见表4-1。

表4-1 间色组合

毛料	
A	1条 2/32丝光棉【宝蓝】皿1条140D高弹
B	1条 2/32丝光棉【红色】
C	1条 2/32丝光棉【白色】
D	1条 2/32丝光棉【天蓝】
E	1条 2/32丝光棉【橙色】

三、彩条谷波短裙编织工艺计算

1. 彩条谷波裙字码平方密度计算

根据客户的要求确定毛料、针种、厚薄度，按原版组织，取出相关的字码平方密度（图4-4）。

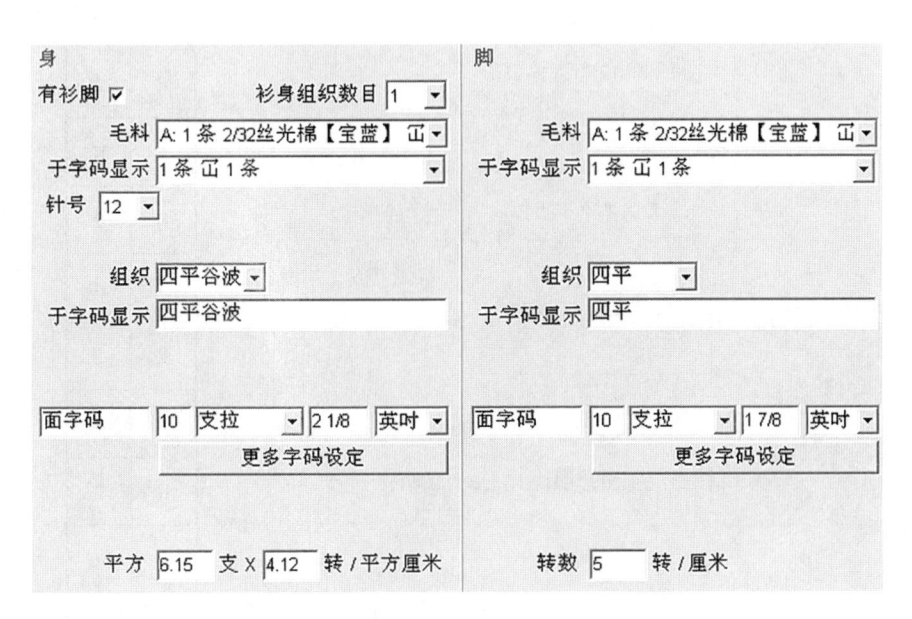

图4-4 彩条谷波短裙字码平方密度

2. 原版部位尺寸计算

根据制单尺寸或者客户提供的原版量出尺寸，见表4-2。

表4-2 短裙各部位尺寸表

名称	尺寸（单位：cm）
裙宽	36.00
裙长	36.00
裙头宽	30.00
裙头高	4.00
裙脚高	1.00

3. 编织工艺计算公式的步骤与方法

（1）实际裙宽针数=裙宽×2×横密　　　　　　　　　　　　　　　　　　（4-1）

（2）实际裙长转数=（裙长-裙贴高）×直密　　　　　　　　　　　　　　（4-2）

（3）实际裙贴长=裙头宽×2　　　　　　　　　　　　　　　　　　　　　（4-3）

（4）实际裙贴高=裙贴高×2　　　　　　　　　　　　　　　　　　　　　（4-4）

4. 编织工艺指示

按照步骤计算及写出工艺指示。

（1）编织工艺指示如图4-5所示。

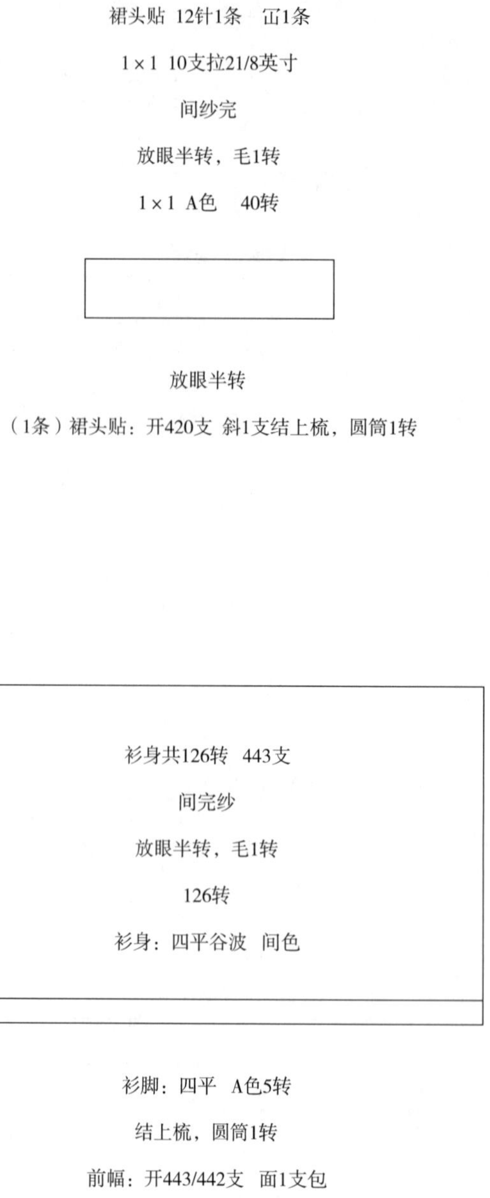

裙头贴 12针1条　疋1条

1×1　10支拉21/8英寸

间纱完

放眼半转，毛1转

1×1　A色　40转

放眼半转

（1条）裙头贴：开420支　斜1支结上梳，圆筒1转

衫身共126转　443支

间完纱

放眼半转，毛1转

126转

衫身：四平谷波　间色

衫脚：四平　A色5转

结上梳，圆筒1转

前幅：开443/442支　面1支包

色	转
A	6
C	2
A	10
B	2
A	10
E	2
A	10
D	2
A	10
C	2
A	10
B	2
A	10
E	2
A	10
D	2
A	10
C	2
A	10
B	2
A	10

身

图4-5　彩条谷波短裙编织工艺指示

（2）彩条编织指示，具体排色效果如图4-6所示。

色	转	
21	A	6	撞
20	C	2	撞
19	A	10	撞
18	B	2	撞
17	A	10	撞
16	E	2	撞
15	A	10	撞
14	D	2	撞
13	A	10	撞
12	C	2	撞
11	A	10	撞
10	B	2	撞
9	A	10	撞
8	E	2	撞
7	A	10	撞
6	D	2	撞
5	A	10	撞
4	C	2	撞
3	A	10	撞
2	B	2	撞
1	A	10	撞

图4-6　彩条谷波短裙排色效果

四、彩条谷波短裙编织要求

（1）谷波组织效果要明显。
（2）缝合要对色。
（3）按客户的尺寸要求穿松紧带。

第三节　无袖原身出高领女装编织工艺

一、无袖原身出高领女装款式与花型分析

1. 无袖原身出高领女装款式分析

该款无袖原身出女装（图4-7）从名称上可知其款式的基本结构是高领、无袖，产品实际造型为合体X型，衣身长设计为臀线上方，肩部为露手臂设计，袖夹底贴近腋窝，以防止穿着者露出文胸局部。领子为原身直高领，其高度设计为12cm长（从肩顶点到领口线）。穿着时，不做任何处理，则为高撑领造型；将领高略做收缩，则成堆堆领；将领往外翻折为小翻领；往内翻折则为小立领。

2. 无袖原身出高领女装花型分析

该款女装全身采用纬平针花型设计（图4-8），领口为2cm内折边设计，衣摆是2cm圆筒边设计，既确保两者边缘的整齐，又防止卷边变形。袖夹边缘为1.2cm的三平设计，既不易变形又整齐美观，还能省略缝盘步骤。毛织弹性好，领口处无开合设计便可穿着。

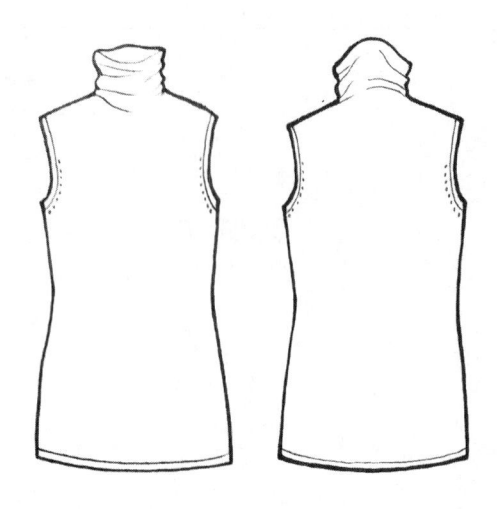

图4-7　无袖原身出高领女装款式图 　　　　图4-8　无袖原身出高领女装实物图

二、无袖原身出高领女装编织工艺分析

1. 组织和材料分析

（1）全件单边，夹位贴三平组织边。

（2）12针1条羊毛冚100D高弹。

（3）原身出领，收腰款式。

2. 编织工艺分析

（1）衫脚圆筒组织，夹贴原身三平组织。

（2）大身为单边收腰加腰做法。

（3）领是原身出的平针组织。

三、无袖原身出高领女装编织工艺计算

1. 字码平方密度

根据客户的要求确定好毛料、针种、厚薄度，再按原版组织，取出相关的字码平方密度（图4-9）。

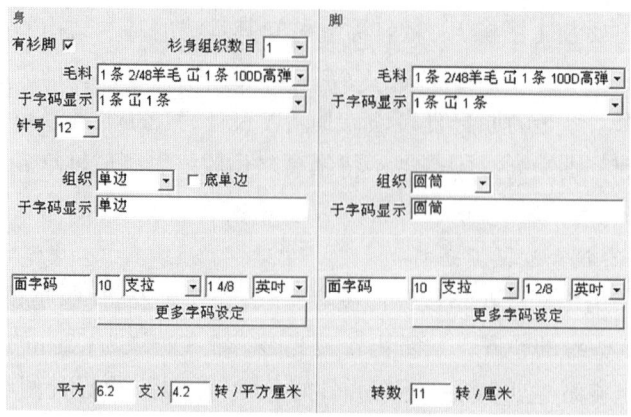

图4-9　字码平方密度图

2. 原版部位尺寸测量

根据制单尺寸或者客户提供的原版量出尺寸，见表4-3。

表4-3 各部位尺寸图

尺码设定		单位 ● 厘米 ○英寸		
	尺寸标签	度量方法		M
1	胸阔	手工测量		41.00
2	肩阔边量	手工测量		31.00
3	身长	手工测量		60.00
4	夹阔斜度	手工测量		17.00
5	上胸阔	—		—
6	膞斜	手工测量		2.50
7	领阔	手工测量		18.00
8	前领深	—		—
9	后领深	—		—
10	腰阔	手工测量		38.00
11	腰距	手工测量		37.00
12	下脚阔	手工测量		41.00
13	领贴高	手工测量		12.00
14	衫脚高	手工测量		2.00
15	袖咀高	—		—
16	袖口阔	—		—
17	袖长膞边度	—		—
18	袖阔	—		—
19	夹贴高	手工测量		1.20

3. 编织工艺计算

编织工艺计算步骤和方法见表4-4、表4-5。

表4-4 后幅衣片编织工艺计算步骤

序号	后幅部位	计算方法	备注
1	后胸宽针数	（胸宽-折后1cm）×横密+缝耗	缝耗1~2支针
2	后领宽针数	领宽×横密	此款领为原身出，按实际尺寸做足
3	领高转数	领高×直密	注意：领贴反缝要做多包边份量
4	膞宽针数	膞宽×横密×修正值+缝耗	修正值0.95
5	每边收针数	（后胸宽针数-膞宽针数）÷2	
6	脚高转数	脚高×脚直密	
7	后身长转数	（身长-脚高）×直密+缝耗	缝耗1~2转
8	膞斜转数	膞斜2.5cm高	根据单肩的大小而定
9	后夹阔转数	夹宽直度×直密×修正值	修正值0.93
10	夹花高转数	后夹阔转数÷2.5	一般在7.5cm
11	夹下转数	后身长转数-膞斜转数-后夹阔转数	—
12	后腰宽针数	（腰宽-折后1cm）×横密+缝耗	—

表4-5 前幅衣片编织工艺计算步骤

序号	前幅部位	计算方法	备注
1	前胸宽针数	后胸宽针数+2cm的针数	身侧骨走后，所以要比后幅做大
2	领宽针数同后幅	参见表4-4	—
3	领高转数同后幅	参见表4-4	—
4	膊宽针数同后幅	参见表4-4	—
5	每边收针数	（前胸宽针数-膊宽针数）÷2	—
6	脚高转数同后幅	参见表4-4	—
7	前身长转数	后身长转数+1cm的转数	前肩骨走后，所以要比后幅做大
8	膊斜转数同后幅	参见表4-4	—
9	前夹阔转数	后夹阔转数+1cm的转数	—
10	前腰宽针数	后腰宽针数+2cm的针数	—

4. 编织工艺指示

按照计算步骤写出工艺指示。

（1）后幅工艺编织要点指示图如图4-10所示。

衫身共303转192支

间纱完 放眼半转，
毛1转
17转
结字码
（单边10支拉12/8）
42转 放眼半转
膊边放眼半转，1转
1-4-10（停针）

此领包边为了突出领的挺度必须做结字码

两边膊针停针后，间纱落下领位针数继续织上

33转

4-2-4
3-2-4　12支边（9支三平直上）
2-2-3

原身出夹贴，为了夹边不会卷边夹底3转开始做三平
并且夹位收针保持三平直上

2转
两边各套针6支

13转第10转夹边顶15支三平直上
8+1+4
7+1+5
13转
7-1-7 （无边）
8-1-2

25转
衫身：单边

衫脚：圆筒1条　畐1条　22转
后幅：开248/247支　面1支包结上梳

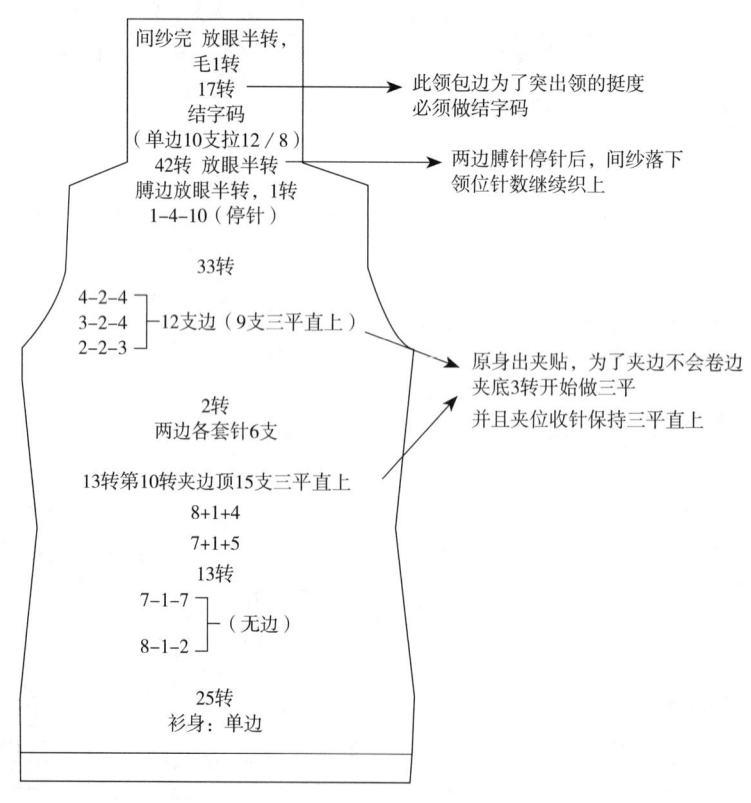

图4-10　无袖原身出高领女装后幅工艺指示

（2）前后衣片编织工艺指南如图4-11所示。

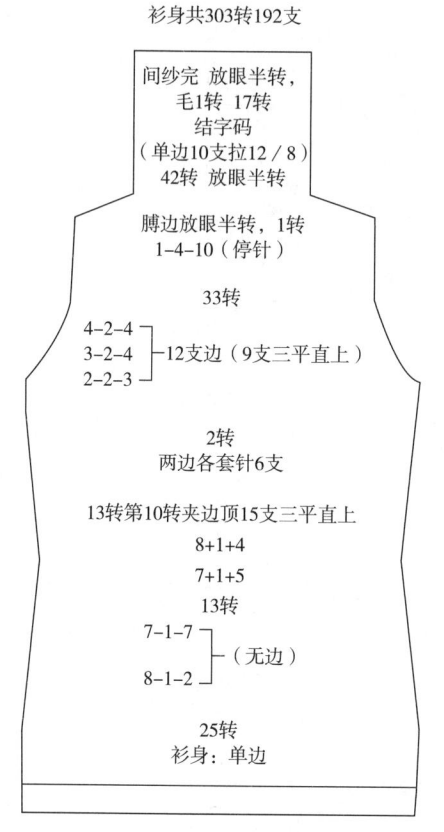

衫身共303转192支
间纱完 放眼半转，
毛1转 17转
结字码
（单边10支拉12/8）
42转 放眼半转

膊边放眼半转，1转
1-4-10（停针）

33转

4-2-4
3-2-4 ⎤ 12支边（9支三平直上）
2-2-3 ⎦

2转
两边各套针6支

13转第10转夹边顶15支三平直上
8+1+4
7+1+5
13转

7-1-7 ⎤（无边）
8-1-2 ⎦

25转
衫身：单边

衫脚：圆筒1条　凸1条　22转
后幅：开248/247支　面1支包结上梳

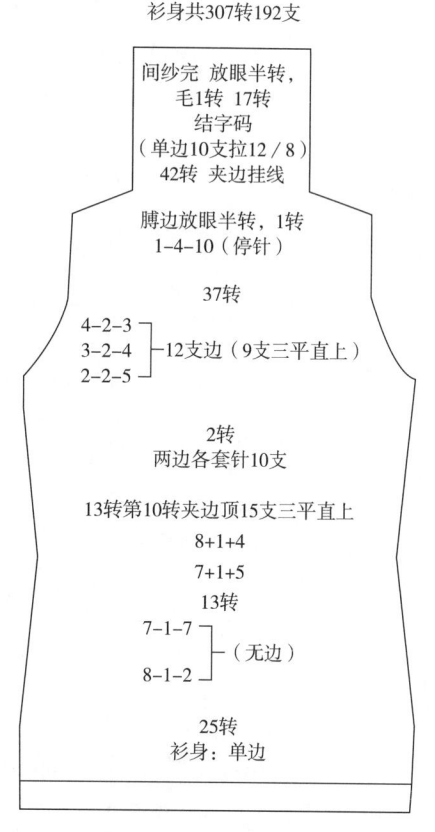

衫身共307转192支
间纱完 放眼半转，
毛1转 17转
结字码
（单边10支拉12/8）
42转 夹边挂线

膊边放眼半转，1转
1-4-10（停针）

37转

4-2-3
3-2-4 ⎤ 12支边（9支三平直上）
2-2-5 ⎦

2转
两边各套针10支

13转第10转夹边顶15支三平直上
8+1+4
7+1+5
13转

7-1-7 ⎤（无边）
8-1-2 ⎦

25转
衫身：单边

衫脚：圆筒1条　凸1条　转
前幅：开260/259支　面1支包结上梳

图4-11　无袖原身出高领女装前后衣片编织工艺

四、无袖原身出高领女装编织要求

（1）前后夹位要平套再收夹，前夹比后夹多套1cm。
（2）夹位三平组织边，收针注意不要松行。
（3）领包边反缝。

第四节　杏领间色长袖女装编织工艺

一、杏领间色长袖女装款式与色彩分析

1. 杏领间色长袖女装款式分析

该款为细针的杏领间色长袖女装，其款式的基本造型是直筒型，领的造型像杏仁的外形，领口边线不是直线，略有弧形，领尖处没有V领尖细，袖子为合体长袖，衣身为直筒形，领口的工艺为包边缝制（图4-12）。

图4-12　杏领间色长袖衫实物图

2. 杏领间色长袖女装色彩分析

该款杏领间色长袖女装除了后片为单一的橙色，其他部位由四种颜色间隔排列设计，分别是橙色、浅杏色、白色和黑色。

前衣身的颜色排列（从衣摆往肩部）依次为：3cm橙色、1.5cm浅杏色、3cm橙色、4.5白色、4cm橙色、1.4cm浅杏色、5.5cm白色、0.5cm黑色、3cm浅杏色、1.4cm橙色、3cm浅杏色、4.6cm白色、1.6cm浅杏色、4.5cm橙色、2.5cm浅杏色、0.5cm黑色、2.5cm橙色，最后是根据肩部的形状为4~6.5cm的浅杏色。

袖子的颜色排列（从袖口往肩部）依次为：1.4cm橙色、0.6cm浅杏色、1.4cm橙色、2.4cm白色、3.8cm橙色、1.4cm浅杏色、5.5cm白色、0.5cm黑色、2.8cm浅杏色、1.4cm浅杏色、5.5cm白色、0.5cm黑色、3cm浅杏色、1.4cm橙色、3cm浅杏色、4.6cm白色、1.6cm浅杏色、4.5cm橙色、2.5cm浅杏色、0.5cm黑色、1.4cm橙色。

衣身与袖子的间色分布由肩至腰节处为平衡对称排列，特别是至肩部的黑色线设计将肩部分割成一个脱肩造型。

3. 杏领间色长袖女装花型分析

该款杏领间色长袖女装采用两种结构，细针编织，衣身为纬平针花型，领口为0.8cm宽的纬平针包边，衣摆为12cm长的2×1罗纹定型，袖口为6cm长的2×1罗纹定型。

二、杏领间色长袖女装编织花型和材料分析

（1）衫脚做2×1罗纹组织，身为平针组织。

（2）前袖间色，后幅净色。弯夹杏领长袖。

（3）12针1条2/32棉㆓1870拉架。

（4）大身为直筒做法。

（5）领贴单边双层包。

三、杏领间色长袖女装编织工艺计算

1. 字码平方密度

根据客户的要求确定面料、针种、厚薄度。按原版组织，取出相关的字码平方密度，如图4-13所示。

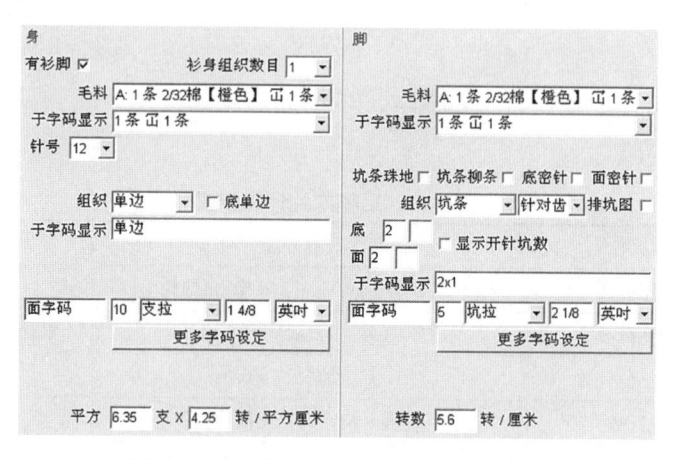

图4-13 杏领间色长袖女装字码平方密度

2. 原版部位尺寸测量

根据制单尺寸或者客户提供的原版量出尺寸，见表4-6。

表4-6 杏领间色长袖女装尺寸

尺码设定	单位	● 厘米　○英寸	
	尺寸标签	度量方法	M
1	胸阔	手工测量	39.00
2	肩阔	手工测量	33.00
3	身长	手工测量	52.00
4	夹阔斜度	手工测量	19.50
5	上胸阔	—	—
6	膊斜	手工测量	2.50
7	领阔	手工测量	17.50
8	前领深	手工测量	17.00
9	后领深	手工测量	2.50
10	腰阔	—	—
11	腰距	—	—
12	下脚阔	手工测量	36.00
13	领贴高	手工测量	0.80
14	衫脚高	手工测量	12.00
15	袖咀高	手工测量	6.00
16	袖口阔	手工测量	8.50

续表

尺码设定		单位	● 厘米　○英寸	
17	袖长膊边度	手工测量	55.00
18	袖阔	手工测量	14.00

3. 编织工艺计算

编织工艺计算步骤与方法见表4-7~表4-9。

表4-7　后幅衣片计算步骤

序号	后幅部位	计算方法	备注
1	后胸宽针数	（胸宽-折后1cm）×横密+缝耗	缝耗1~2支针
2	后领宽针数	（领宽-2cm）×横密	领宽容易烫大所以要做小些
3	后领底平位针数	后领宽针数×0.7	—
4	膊宽针数	膊宽×横密×修正值+缝耗	修正值0.95
5	每边收针数	（后胸宽针数-膊宽针数）÷2	—
6	脚高转数	脚高×脚直密	
7	后身长转数	（身长-脚高）×直密+缝耗	缝耗1~2转
8	膊斜转数	膊斜2.5cm高	根据单肩的大小而定
9	后夹阔转数	夹宽直度×直密×修正值	修正值0.93
10	夹花高转数	后夹阔转数÷2.5	一般在7.5cm左右
11	后袖尾缝位转数	后夹阔转数÷5	或根据尾宽来计算
12	夹中位转数	后夹阔转数-夹花高转数-后袖尾转数	
13	夹下转数	后身长转数-膊斜转数-后夹阔转数	
14	后领深转数	（后领深-0.5）×直密	肩骨走后，所以要-0.5cm

表4-8　前幅衣片计算步骤

序号	前幅部位	计算方法	备注
1	前胸宽针数	后胸宽针数+2cm的针数	身侧骨走后，所以要比后幅做大
2	领宽针数同后幅	参见表4-7	—
3	前领底平位针数	取1~3支	V领取1~3支
4	膊宽针数同后幅	参见表4-7	
5	每边收针数	（前胸宽针数-膊宽针数）÷2	
6	脚高转数同后幅	参见表4-7	
7	前身长转数	后身长转数+1cm的转数	—
8	膊斜转数同后幅	参见表4-7	
9	前夹阔转数	后夹阔转数+1cm的转数	前肩骨走后，所以要比后幅做大
10	夹花高转数同后幅	参见表4-7	—

续表

序号	前幅部位	计算方法	备注
11	前袖尾缝位转数	后袖尾缝位转数+1cm的转数	—
12	夹中位转数同后幅	参见表4-7	—
13	夹下转数同后幅	参见表4-7	—

表4-9 袖子计算步骤

序号	袖子部位	计算方法	备注
1	袖阔针数	袖宽×2×横密×1.05	幅片小易拉长变小所以做大一点
2	袖脚阔针数	袖脚宽×2×横密×因素	因素1.3左右，具体根据罗纹组织而定
3	袖尾宽针数	（前袖尾缝位转数+后袖尾缝位转数）÷直密×横密	或者直接定尺寸
4	袖加针数	（袖宽针数-袖脚宽针数）÷2	—
5	袖收针数	（袖宽针数-袖尾宽针数）÷2	—
6	袖脚高转数	袖脚高×脚直密	—
7	袖长转数	（袖长-袖脚高）×直密×0.96	幅片小易拉长变小所以做短一点
8	袖山高转数	（后夹宽转数-后袖尾缝位转数）×因素	因素0.95做小些
9	袖底平位转数	一般做3.5cm	—
10	袖加针转数	袖长转数-袖山高转数-袖底平位转数	—

4．编织工艺指示

按照步骤计算及写出工艺指示见图4-14、图4-15。

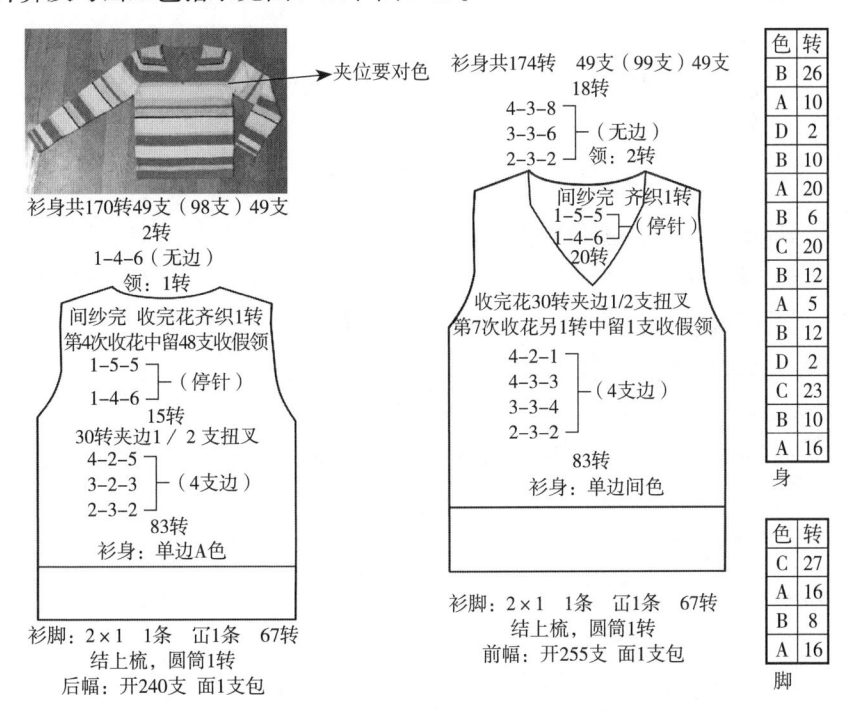

图4-14 杏领间色长袖女装衣片编织工艺指示

领贴12针1条冚1条

单边10支拉12/8英寸

不冚拉架放眼半转，毛1转，间纱完8转

单边1条 冚1条

纱上梳，毛1转，放眼半转

（1条）领贴：开33支

色	转	
A	12	
B	12	3
D	2	
C	23	
B	10	
A	16	次

身

袖身共201转53支

间纱完中挑孔
2转
1-2-5（无边）
2-3-7
3-3-7 （4支边）
4-3-5
15转
5+1+24
4+1+2
4转
袖身：单边间色
袖咀：2×1
1条冚 1条 34转

色	转
C	17
A	7
B	3
A	7

脚

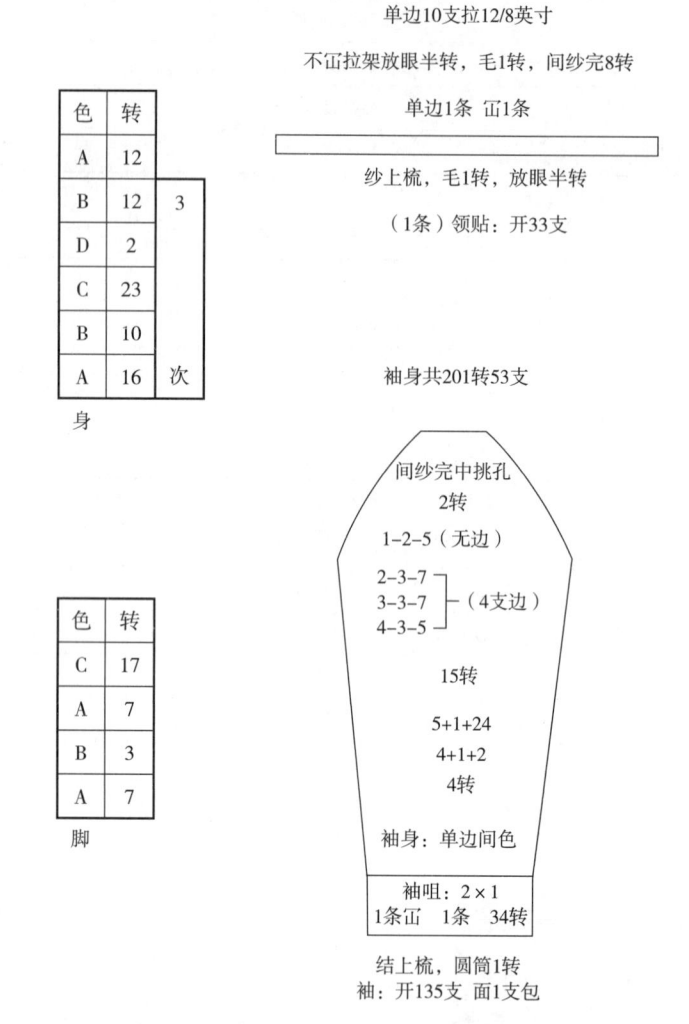

结上梳，圆筒1转
袖：开135支 面1支包

图4-15 杏领间色长袖女装袖子编织工艺指示

四、杏领间色长袖女装编织要求

1. 前后衣片收夹

（1）前后夹收针由快至慢，袖夹由慢至快，如此夹型弧度才美观。

（2）袖加针由快至慢，先织后加。

2. 肩膀做法

（1）肩斜用铲针做法，这样做的衣服才精致美观，但需要锁眼后再缝合，相对缝盘成本高些。

（2）肩膀用锁边做法，这样做的衣服相对没有那么精致，但方便了缝盘，成本底。

3. 其他要求

（1）杏领收针由快至慢。

（2）前后收针过单边收，4支边。

（3）夹位要对色。

第五节　船领插肩中袖挑孔女装编织工艺

一、船领插肩中袖挑孔女装款式花型分析

1. 船领插肩中袖挑孔女装款式分析

该款女装为粗细针相结合的设计，其款式的基本结构是插肩中长袖，袖长过手肘6cm，船形圆领，衣摆为前后左右非对称型，前衣摆为树叶形，前右摆处有重叠设计，后衣摆为平摆，衣身长设计为前衣摆长至大腿中部，后衣摆线过臀线5cm。产品整体造型为合体X型，具有修长、清爽的视觉感。树叶形前衣摆上的清晰的罗纹边，可随着装者的行走而产生一种律动的美感（图4-16）。

(a) 正面　　　　　　(b) 背面

图4-16　船领插肩中袖挑孔女装实物图

2. 船领插肩中袖挑孔女装花型分析

该款女装采用粗细针织片相结，前身为粗针对称型挑孔与令士（正反针）组织，整齐美观，后衣身、袖身为细针纬平针组织，领口为4cm的2×1罗纹，衣摆6cm的2×1罗纹，袖口为粗针2cm的令士加2cm的2×2的罗纹口，既确保开口边的整齐，又防止卷边变形。

3. 船领插肩中袖挑孔女装装饰分析

花型设计对该款服装具有较好的装饰作用，款式图更为清晰：一是粗针挑孔组织效果清晰，具有点状花纹的排列效果；二是粗针令士具有较强的肌理感，而细针的纬平针细腻柔软，两者形成鲜明对比（图4-17）。

图4-17　船领挑孔中袖女装款式图

二、船领插肩中袖挑孔编织工艺分析

（1）前幅尖凸做法。

（2）衫身以3针16条棉+12针2条棉织。

（3）衫脚做3针2×1。

（4）后袖幅片12针单边，前幅3针搬针挑孔做法。

（5）尖膊又名插肩袖，袖尾做9cm宽。

（6）领贴单层，前后收真领。

（7）此款衫型重点在前幅下摆尖凸效果。

三、船领插肩中袖挑孔编织工艺分析

1. 字码平方密度

根据客户的要求确定毛料、针种、厚薄度，按原版组织取出相关的字码平方密度，分前幅（图4-18）和后幅（图4-19）字码平方密度。

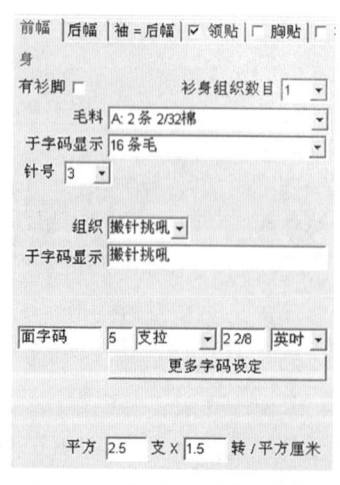

图4-18　前幅字码平方密度　　　图4-19　后幅字码平方密度

2. 原版部位尺寸测量

根据制单尺寸或者客户提供的原版量出尺寸，见表4-10。

表4-10 船领挑孔中袖女装尺寸

尺码设定		单位 ● 厘米 ○英寸		
	尺寸标签	度量方法		M
1	胸阔	手工测量		38.00
2	肩阔	—		—
3	身长	手工测量		63.00
4	夹阔斜度	手工测量		23.00
5	上胸阔	—		—
6	膊斜	手工测量		2.50
7	领阔	手工测量		29.00
8	前领深	手工测量		14.50
9	后领深	手工测量		2.50
10	腰阔	—		—
11	腰距	—		—
12	下脚阔	手工测量		40.00
13	领贴高	手工测量		4.00
14	衫脚高	手工测量		6.00
15	袖咀高	手工测量		5.00
16	袖口阔	手工测量		8.00
17	袖长膊边度	手工测量		44.00
18	袖阔	手工测量		12.50

3. 编织工艺计算

前幅编织工艺计算步骤及计算方法见表4-11、表4-12，后幅较简单，此处略。

表4-11 前幅计算步骤

序号	前幅部位	计算方法	备注
1	前胸宽针数	后胸阔针数+2cm的针数−胸贴高+1.5缝耗	开胸款式根据胸贴的理论来计算
2	前领宽针数	（领宽−3cm）×横密	尖膊款式，前后领宽不一样，因为袖尾走后占平位多些，袖尾走前占直位多些
3	前领宽平位针数	领宽针数×0.3	—
4	每边收针数	前领宽针数÷2	
5	脚高转数同后幅	—	
6	前身长转数	同后身长转数	

续表

序号	前幅部位	计算方法	备注
7	前夹阔转数	夹宽×0.8×直密	0.8是根据勾股定理结合毛料的特性进行修改的因素
8	夹下转数	后身长转数−夹位转数	—

表4−12 袖子计算步骤

序号	袖子部位	计算方法	备注
1	袖阔针数	袖宽×2×横密×1.05	幅片小易拉长变小所以做大一点
2	袖脚阔针数	袖脚宽×2×横密×因素	因素1.3左右,具体根据罗纹组织而定
3	袖尾宽针数	一般做7.5cm	直接定尺寸
4	袖加针数	袖宽针数−袖脚针数÷2	—
5	袖收针数	袖宽针数−袖尾宽针数÷2	—
6	袖脚高转数	袖脚高×脚直密	—
7	袖长转数	(袖长−袖脚高)×直密×0.96	幅片小易拉长变小所以做短一点
8	袖山高转数	分左右夹转数	一边照后夹,一边照前夹
9	袖底平位转数	一般做3.5cm	—
10	袖加针转数	袖长转数−袖山高转数−袖底平位转数	—

4. 按照步骤计算写出工艺指示

(1)袖身与后衣片编织工艺指示图如图4−20、图4−21所示。

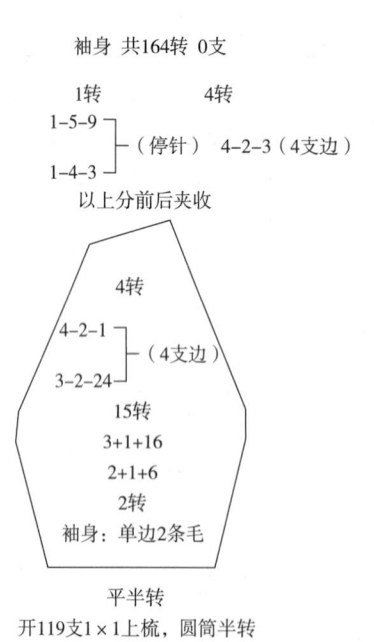

袖身 共164转 0支

```
1转        4转
1-5-9 ⎤
      ⎬ (停针) 4-2-3(4支边)
1-4-3 ⎦
```
以上分前后夹收

```
        4转
4-2-1 ⎤
      ⎬ (4支边)
3-2-24⎦
       15转
      3+1+16
       2+1+6
        2转
    袖身:单边2条毛
       平半转
```
开119支1×1上梳,圆筒半转
袖:分左右织

图4−20 袖身编织工艺指示图

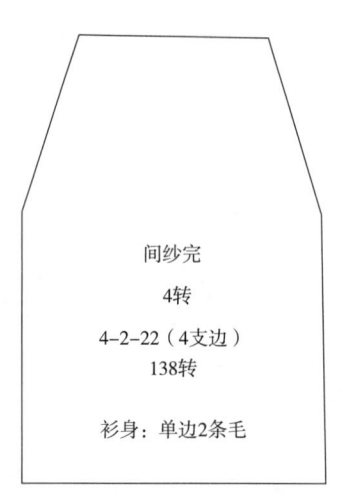

衫身共226转141支

间纱完
4转
4-2-22(4支边)
138转

衫身:单边2条毛

平半转
后幅:开229支1×1上梳,圆筒半转

图4−21 后衣片编织工艺指示图

（2）前幅编织工艺指示如图4-22所示。

前侧幅共50转13支

1转
1-2-43
2-2-3 （无边）

2转

50转
以上分左右收单边

平半转
前侧幅：开105支1×1上梳，圆筒半转

衫身共111转2支（66支）2支

3转
2-2-2
1-2-4 （无边）
1-3-4 （套针）
领：1转

4转
左：中套针 18支分边收领

第4次收花另1转
4-2-7（3支边）
38转
以上分左右收
1转
衫身：搬针挑孔 2条毛

9转
1-1-27
1-2-9

平半转
前幅：开8支1×1上梳，圆筒半转

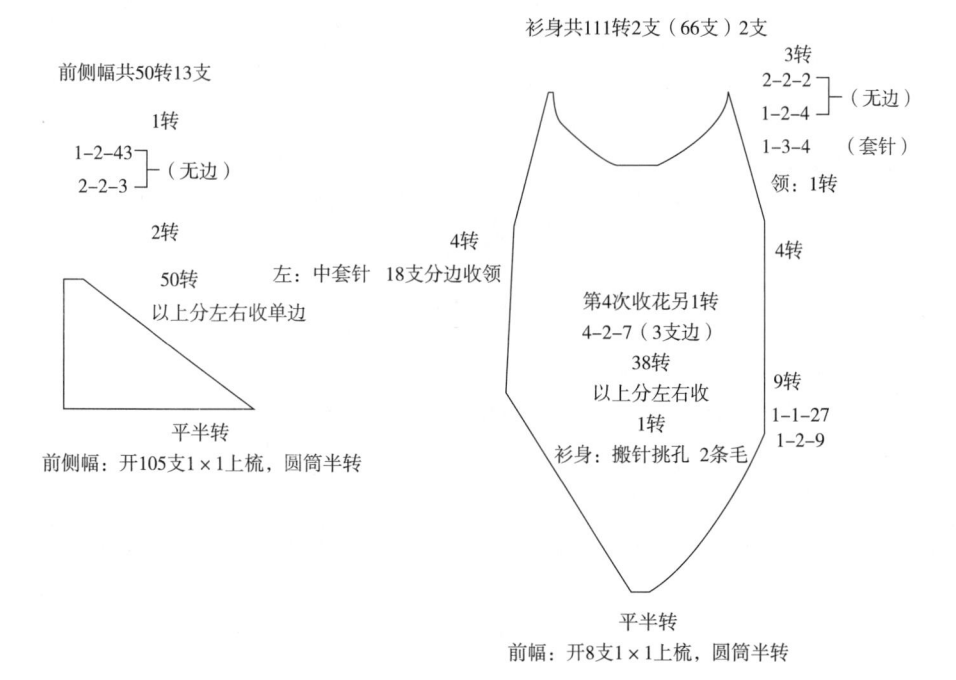

图4-22　前幅编织工艺指示图

（3）零部件编织工艺指示如图4-23所示。

袖脚3针　16条毛2×1　3支拉3英寸

间纱完

放眼半转，毛1转　9转

结上梳　圆筒1转
（2条）袖脚：开57支　面1支包

后脚3针　16条毛2×1　3支拉3英寸

间纱完

放眼半转，毛1转　11转

结上梳，圆筒1转
（1条）后脚：开111支　面1支包
（1条）前侧贴：开105支　面1支包
（1条）前侧幅脚：开51支　面1支包

领贴　3针　16条毛
2×1　3支拉　3英寸
放眼半转，毛1转，间纱完
2×1　16条毛　7转

结上梳　圆筒1转
（1条）领贴：开225支　面1支包

图4-23　零部件编织工艺指示

（4）缝合示意图如图4-24所示。

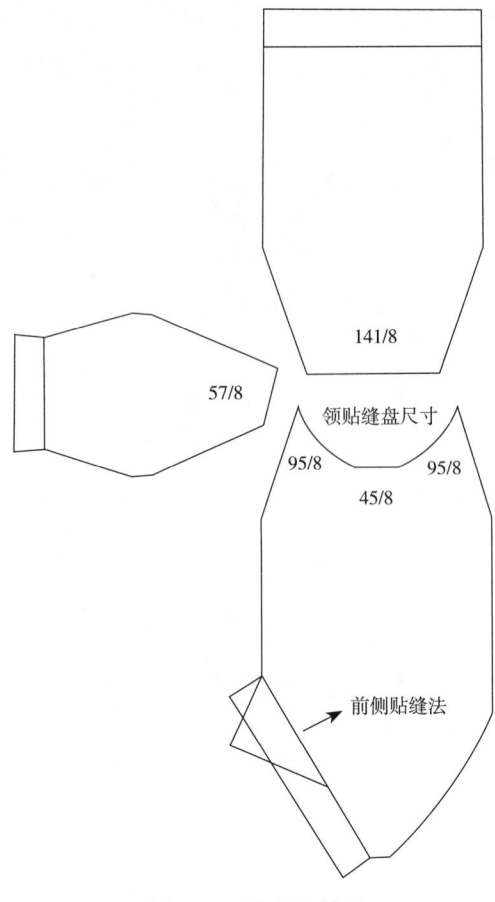

图4-24　缝合示意图

四、船领插肩中袖挑孔编织要求

（1）前后夹收针由慢至快，袖夹由快至慢，如此夹型弧度才美观。
（2）袖加针由快至慢，先织后加。
（3）圆领收针由快至慢。
（4）先确定袖尾尺寸。
（5）确定袖尾走后尺寸及袖尾走前尺寸。
（6）整件衫脚需缝合，前侧幅及前侧贴按原版及效果图缝法。

第六节　翻领绞花长袖男开衫编织工艺

一、翻领绞花长袖男开衫款式和花型分析

1. 翻领绞花长袖男开衫款式分析

该款绞花开衫为翻领对襟设计，领座与领面一体式，总高16cm，前领自然翻折，后领为

对半翻折。前门襟设计3cm宽罗纹，钉黑色4眼扣5粒，插肩袖，8.5cm高的罗纹袖口，衣身为直筒式，8.5cm高的罗纹衫摆（图4-25）。

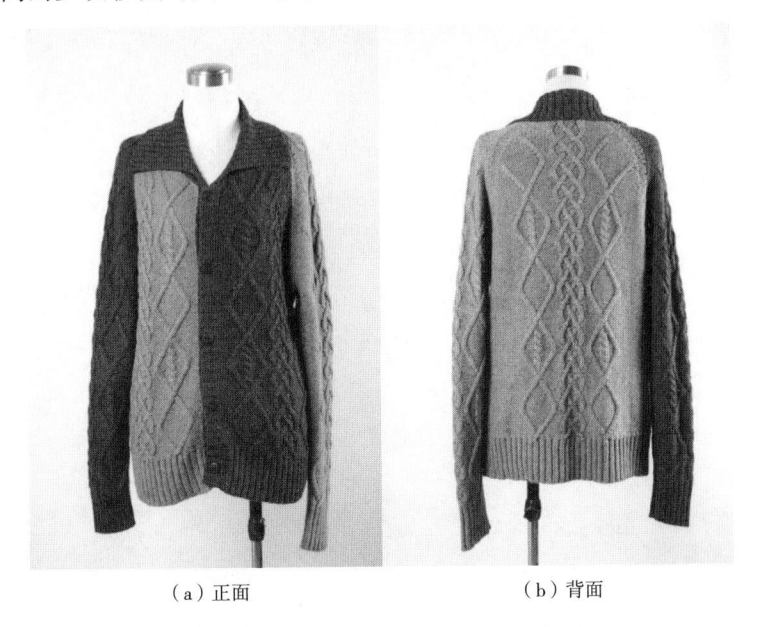

（a）正面　　　　　　　　（b）背面

图4-25　绞花开襟衫实物图

2. **翻领绞花长袖男开衫花型分析**

该款绞花长袖开衫花型款式在领子、衫摆、门襟、袖口处采用了2×2罗纹花型设计，在前后衣身和袖身上均采用2×2绞花设计，分别为花编纽绳、菱形搬针及菱形中互纽式纽绳等花型。整件服装以纬平针反针衬托绞花花型，使绞花花型显示出较为强烈的立体感（图4-26）。

图4-26　绞花开襟衫款式图

二、翻领绞花长袖男开衫编织花型和用材分析

（1）全件扭绳搬针，尖膊圆领开胸长袖。
（2）深灰与浅灰的配色：领、左袖及右前幅为深灰，右袖、后幅及左前幅为浅灰。
（3）3针3条羊毛织。
（4）翻领、开胸，共5粒纽扣。
（5）前后衫脚做2×1。

三、翻领绞花长袖男开衫编织工艺分析

1. 字码平方密度

根据客户的要求，确定毛料、针种、厚薄度。按原版组织，取出相关的字码平方密度，如图4-27所示。

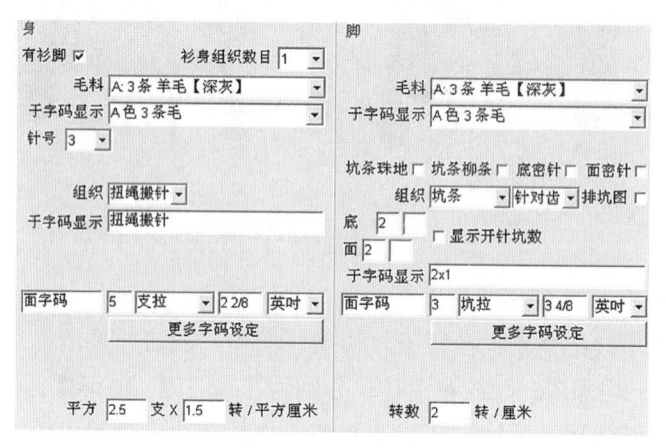

图 4-27　字码平方密度

2. 原版部位尺寸测量

根据制单尺寸或者客户提供的原版量出尺寸，见表4-13。

表4-13　编织工艺尺寸

尺码设定		单位	● 厘米　○英寸	
		尺寸标签	度量方法	M
1		胸阔	手工测量	50.00
2		肩阔	—	—
3		身长	手工测量	66.00
4		夹阔斜度	手工测量	30.00
5		上胸围	手工测量	—
6		膊斜	手工测量	2.50
7		领阔	手工测量	20.00
8		前领深	手工测量	12.00
9		后领深	手工测量	2.50

续表

尺码设定		单位	● 厘米　○英寸	
10	腰阔	—	—
11	腰距	—	—
12	下脚阔	手工测量	50.00
13	领贴高	手工测量	14.00
14	衫脚高	手工测量	8.50
15	袖咀高	手工测量	8.50
16	袖口阔	手工测量	9.50
17	袖长领边度	手工测量	80.00
18	袖阔	手工测量	16.00
19	胸贴高	手工测量	3.50

3. 编织工艺计算

编织工艺计算步骤与方法见表4–14~表4–16。

表4–14　前幅计算步骤

序号	前幅部位	计算方法	备注
1	前胸宽针数	后胸阔针数+2cm的针数–胸贴高+1.5缝耗	开胸款式根据胸贴的理论来计算
2	前领宽针数	（领宽–3cm）×横密	尖膊款式，前后领宽不一样，因为袖尾走后占平位多些，袖尾走前占直位多些
3	前领底平位针数	领宽针数×0.3	—
4	每边收针数	前领宽针数÷2	—
5	脚高转数同后幅	—	—
6	前身长转数	同后身长转数	—
7	前夹阔转数	夹阔×0.8×直密	0.8是根据勾股定理结合毛料的特性进行修改的因素
8	夹下转数	后身长转数–夹位转数	—

表4–15　后幅计算步骤

序号	后幅部位	计算方法	备注
1	袖尾走后	袖尾×0.35	一般走后1寸，走前2寸
2	袖尾走前	袖尾×0.65	
3	后胸宽针数	（胸宽–折后1cm）×横密+缝耗	缝耗1~2支针
4	后领宽针数	（领宽–袖尾走后×2）×横密	必须要减去走后的位置
5	—	此款式不做后领底平位	
6	—	此款没有膊宽	
7	每边收针数	（后胸宽针数–后领宽针数）÷2	

续表

序号	后幅部位	计算方法	备注
8	脚高转数	脚高×脚直密	—
9	后身长转数	(身长-脚高-袖尾走后)×直密+缝耗	缝耗1~2转
10	—	此款没有膊斜	
11	后夹阔转数	前夹宽转数+(袖尾走前-袖尾走后)	后夹转数比前夹转数多
12	夹下转数	后身长转数-夹位转数	—

表4-16 袖子计算步骤

序号	袖子部位	计算方法	备注
1	袖阔针数	袖宽×2×横密×1.05	幅片小易拉长变小所以做大一点
2	袖脚阔针数	袖脚宽×2×横密×因素	因素1.3左右,具体根据罗纹组织而定
3	袖尾宽针数	一般做7.5cm	直接定尺寸
4	袖加针数	(袖宽针数-袖脚宽针数)÷2	
5	袖收针数	(袖宽针数-袖尾宽针数)÷2	
6	袖脚高转数	袖脚高×脚直密	
7	袖长转数	(袖长-袖脚高)×直密×0.96	幅片小易拉长变小,所以做短一点
8	袖山高转数	分左右夹转数	一边照后夹,一边照前夹
9	袖底平位转数	一般做3.5cm	—
10	袖加针转数	袖长转数-袖山高转数-袖底平位转数	

4. 编织工艺指示

按照步骤计算及写出工艺指示,如图4-28~图4-31所示。

(1)后幅与前幅编织工艺指示如图4-28、图4-29所示。

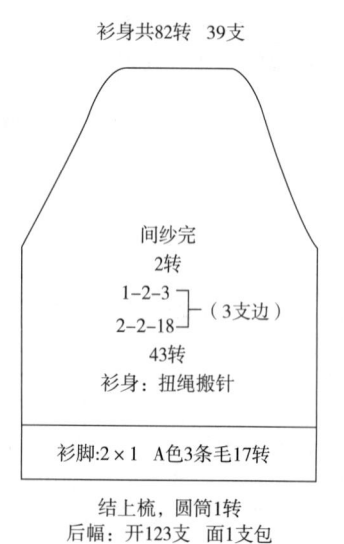

图4-28 后幅计算及工艺指示

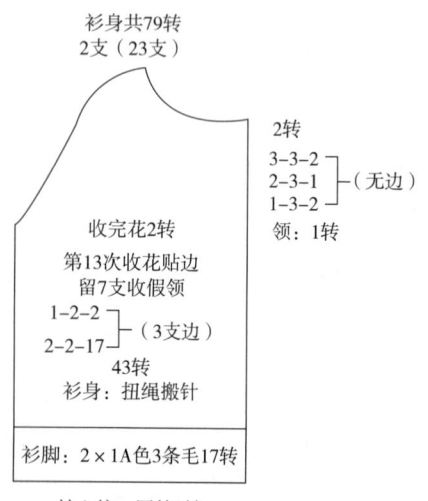

图4-29 前幅计算及工艺指示

（2）袖片与零部件编织工艺指示如图4-30、图4-31所示。

袖身共104转 0支

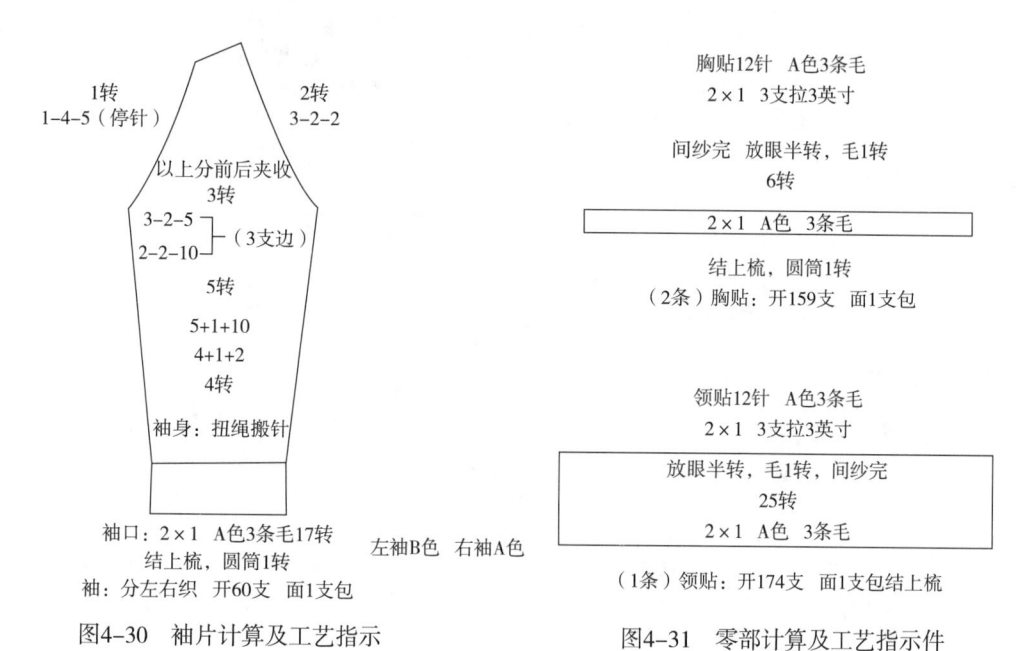

1转　　　　　　2转
1-4-5（停针）　　3-2-2

以上分前后夹收
3转
3-2-5
2-2-10 （3支边）

5转

5+1+10
4+1+2
4转

袖身：扭绳搬针

袖口：2×1　A色3条毛17转
结上梳，圆筒1转
左袖B色　右袖A色
袖：分左右织　开60支　面1支包

图4-30　袖片计算及工艺指示

胸贴12针　A色3条毛
2×1　3支拉3英寸

间纱完　放眼半转，毛1转
6转

2×1　A色　3条毛

结上梳，圆筒1转
（2条）胸贴：开159支　面1支包

领贴12针　A色3条毛
2×1　3支拉3英寸

放眼半转，毛1转，间纱完
25转
2×1　A色　3条毛

（1条）领贴：开174支　面1支包结上梳

图4-31　零部计算及工艺指示件

四、理解尖膊衫的形式与工艺

（1）尖膊衫在毛织服装设计中运用非常广泛，前面内容对其工艺计算和做法进行了反复讲解。我们还可通过下面的图片理解尖膊衫是如何使袖身到肩膀的编织花型实现整体统一，并在颜色上达到一致，如图4-32、图4-33所示。

图4-32　罗纹尖膊衫

图4-33 绞花尖膊衫

（2）尖膊衫工艺，主要是理解袖尾前肩落点（图4-34）和后肩落点（图4-35），通常情况下的袖尾尺寸为7.5cm，前后落点差值为1cm（图4-36）。

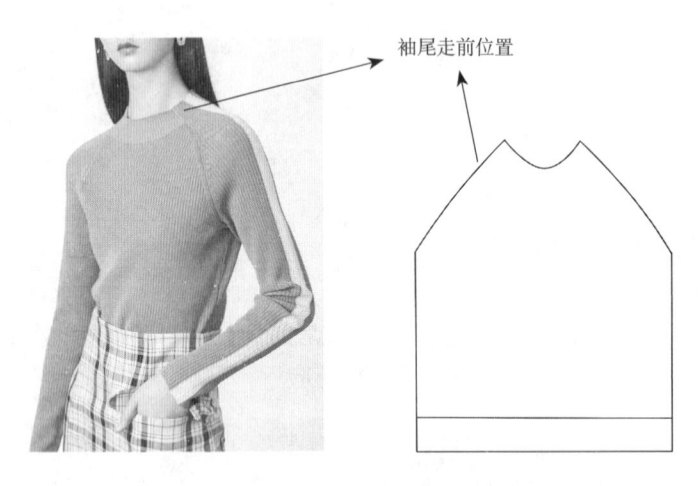

图4-34 袖尾前肩落点

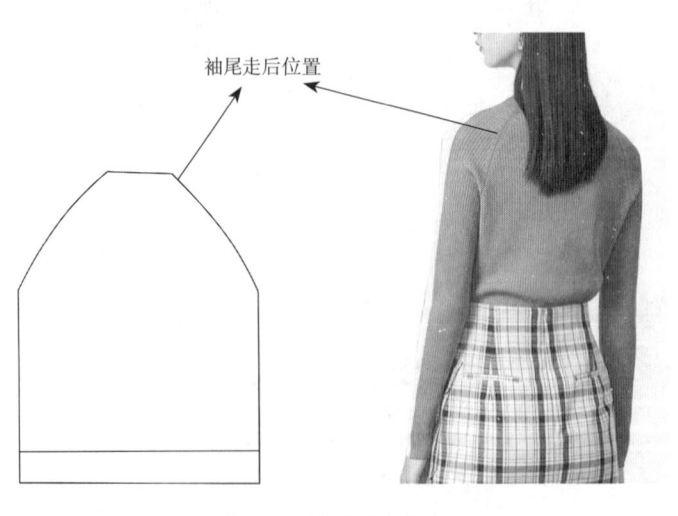

图4-35 袖尾后肩落点

袖尾正常款式做7.5cm

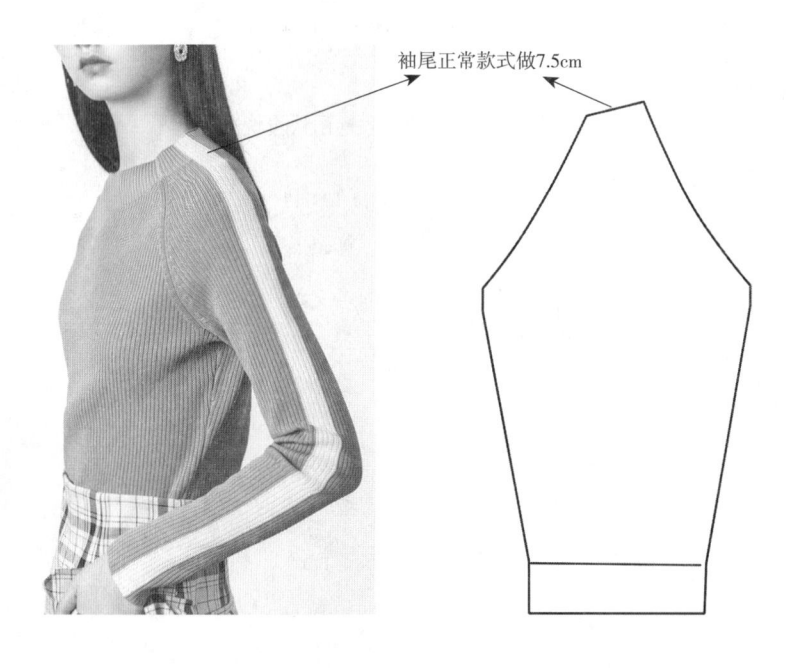

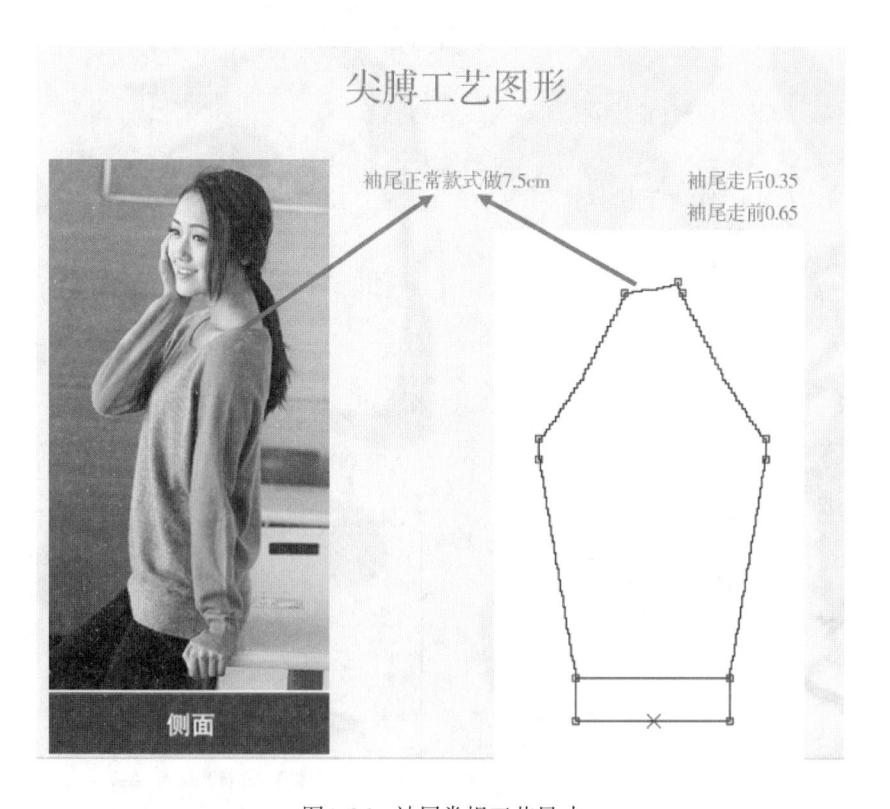

尖膊工艺图形

袖尾正常款式做7.5cm

袖尾走后0.35
袖尾走前0.65

侧面

图4-36　袖尾常规工艺尺寸

（3）尖膊衫与衣身连接部的分段收针法如图4-37所示。

尖膊工艺做法

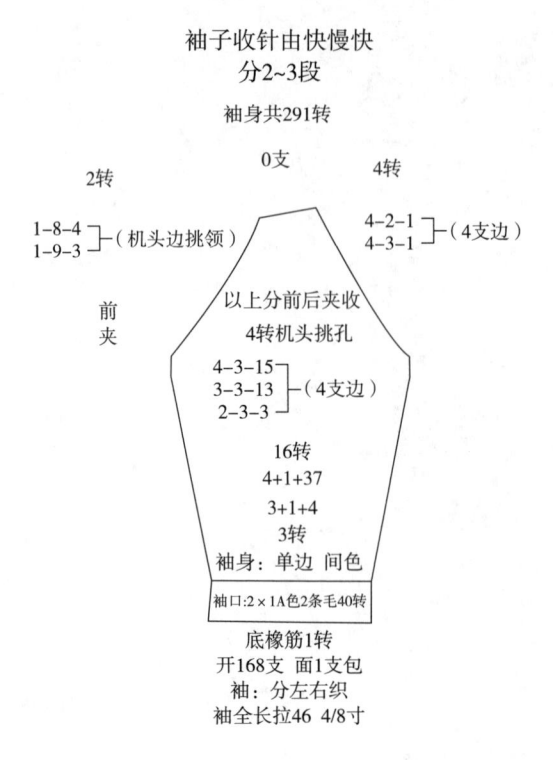

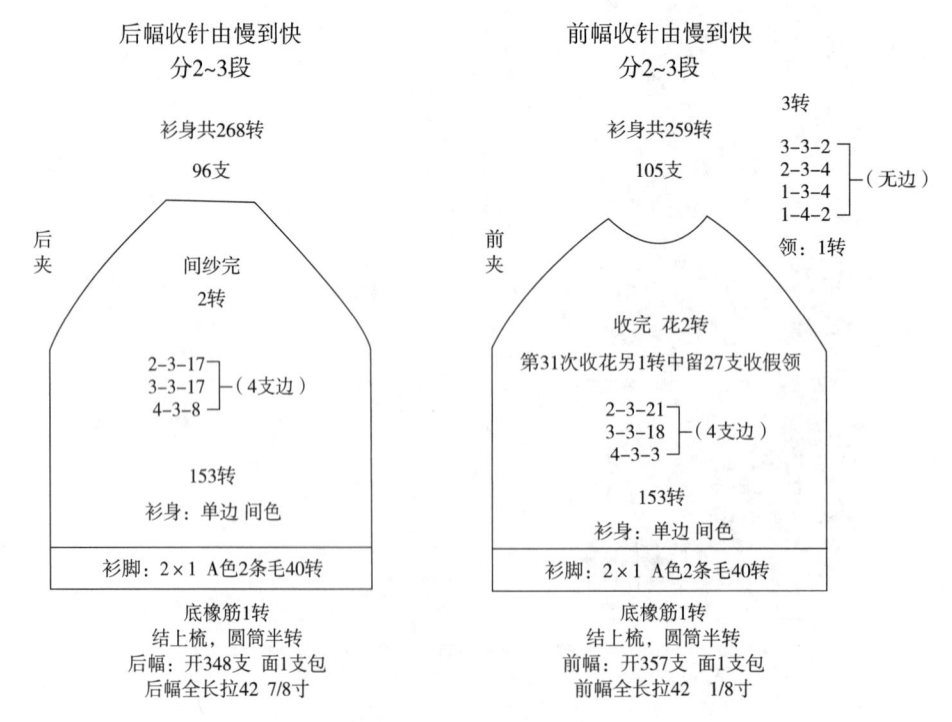

袖子收针由快慢快
分2~3段

袖身共291转

0支

2转　　　　　　　　　　　　4转

1-8-4 ┐（机头边挑领）　　4-2-1 ┐（4支边）
1-9-3 ┘　　　　　　　　　4-3-1 ┘

前夹

以上分前后夹收
4转机头挑孔

4-3-15
3-3-13 ┐（4支边）
2-3-3

16转
4+1+37
3+1+4
3转
袖身：单边　间色
袖口：2×1 A色2条毛40转

底橡筋1转
开168支　面1支包
袖：分左右织
袖全长拉46 4/8寸

后幅收针由慢到快　　　　　　前幅收针由慢到快
分2~3段　　　　　　　　　　分2~3段

衫身共268转　　　　　　　　衫身共259转

96支　　　　　　　　　　　　105支

　　　　　　　　　　　　　　　　　　　　3转
　　　　　　　　　　　　　　　　　　　3-3-2
　　　　　　　　　　　　　　　　　　　2-3-4 ┐（无边）
　　　　　　　　　　　　　　　　　　　1-3-4
　　　　　　　　　　　　　　　　　　　1-4-2

后夹　　　　　　　　　　　　前夹　　　　领：1转

间纱完
2转

　　　　　　　　　　　　　　收完　花2转

　　　　　　　　　　　第31次收花另1转中留27支收假领

2-3-17 ┐　　　　　　　　　　2-3-21 ┐
3-3-17 ┤（4支边）　　　　　 3-3-18 ┤（4支边）
4-3-8 ┘　　　　　　　　　　4-3-3 ┘

153转　　　　　　　　　　　　153转
衫身：单边 间色　　　　　　　衫身：单边 间色

衫脚：2×1 A色2条毛40转　　　衫脚：2×1 A色2条毛40转

底橡筋1转　　　　　　　　　　底橡筋1转
结上梳，圆筒半转　　　　　　　结上梳，圆筒半转
后幅：开348支 面1支包　　　　前幅：开357支 面1支包
后幅全长拉42 7/8寸　　　　　　前幅全长拉42 1/8寸

图4-37　袖与衣身连接处的分段收针法

（4）尖膊衫对位工艺如图4-38所示。

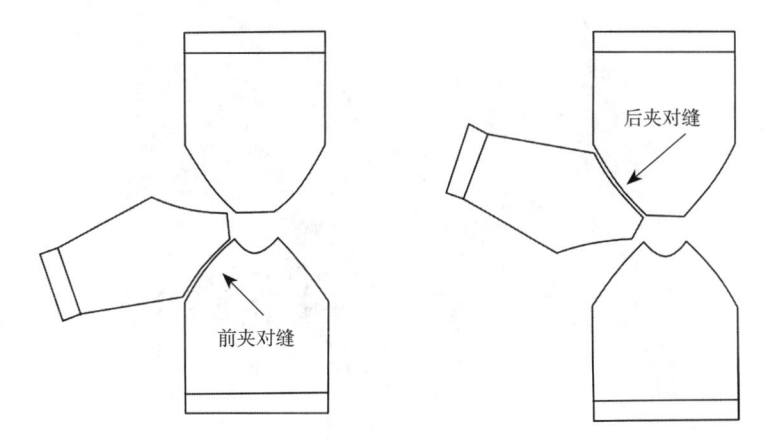

图4-38　尖膊衫对位工艺

五、翻领绞花长袖男开衫编织要求
（1）前后夹收针由慢至快，袖夹由快至慢，如此夹型弧度才美观。
（2）袖加针由快至慢，先织后加。
（3）肩膀做法有两种。
（4）圆领收针由快至慢。
（5）先确定袖尾尺寸。
（6）确定袖尾走前走后方程式。

第七节　双层领直夹女装编织工艺

一、双层领直夹女装款式、色彩与花型分析

1. 双层领口毛直夹女装款式分析

该款双层领直夹衫女装为V形领口，领面上高下低、上窄下宽的双层翻领为燕翅领造型。领口与外领周长为75cm，内领周长为60cm，外领总高12.5cm，内领高10cm。门襟装金属拉链，左右门襟是经后领连接的为2.5cm的四平组织，在领口处充当了领座设计，使翻领的领座更为挺立。直夹长袖，袖夹线落到肩至手臂10cm处，袖长盖住着装者虎口处，袖身为罗纹组织。衣身为直筒形，衣摆及胯部，衫脚为10cm高的罗纹。服装整体造型较为宽松，是适合冬季穿着的粗针毛衣（图4-39）。

2. 双层领口毛直夹女装色彩分析

该款双层领直夹衫女装的颜色设计选用稳重高雅的紫罗兰和鲜亮的浅紫色。衣身为紫罗兰和浅紫色两色相互交替形成自由风格且左右对称的图案，领与袖身为纯紫罗兰色。同种色的搭配协调统一，彰显服装秀美之感。

图4-39 双层领直夹女装实物图

3. **双层领直夹女装花型分析**

该款双层领直夹衫女装为粗针编织，花型设计主要为令士苗毛形式，衣身部分为5G紫罗兰和浅紫色两种毛纱，分上下排纱，采用正反针编织而成，这样形成了富有图案效果的花型设计，衫脚为5G的2×1罗纹，门襟为5G四平。内领为3G四平花型，外领与袖身为3G的2×1罗纹。该服装使用粗针机器编织，苗毛与罗纹组织共同呈现出较强的凹凸肌理效果（图4-40）。

图4-40 双层领直夹女装款式图

二、双层领直夹女装编织花型和用材分析

（1）开胸落肩长袖。

（2）衣身令士苗毛，宝蓝色羊毛苗紫色光丝。

（3）双层领，车拉链。

（4）前后衫脚做2×1罗纹组织，保持罗纹有弹性。

（5）大身为令士皿毛做法。
（6）袖身2×1罗纹组织。
（7）内领珠地双层包，外领2×1单层，胸贴四平贴。

三、双层领直夹女装编织工艺计算

1. 字码平方密度

根据客户的要求，确定毛料、针种、厚薄度，按原版组织取出相关的字码平方密度（图4-41）。

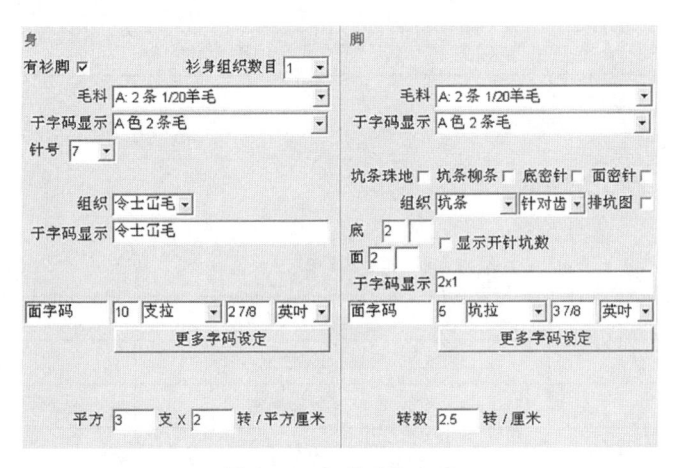

图4-41 字码平方密度

2. 原版部位尺寸测量

根据制单尺寸或者客户提供的原版量出尺寸，见表4-17。

表4-17 各部位尺寸

尺码设定	单位	● 厘米	○英寸
	尺寸标签	度量方法	M
1	胸阔	手工测量	46.00
2	肩阔	手工测量	60.00
3	身长	手工测量	52.00
4	夹阔斜度	手工测量	19.00
5	上胸围	—	—
6	膊斜	手工测量	2.50
7	领阔	手工测量	26.00
8	前领深	手工测量	21.00
9	后领深	手工测量	2.50
10	腰阔	—	—
11	腰距		

续表

尺码设定		单位 ● 厘米 ○英寸	
12	下脚阔	手工测量	45.00
13	领贴高	手工测量	11.50
14	衫脚高	手工测量	10.00
15	袖咀高	—	—
16	袖口阔	手工测量	10.00
17	袖长膊边度	手工测量	49.00
18	袖阔	手工测量	19.00
19	内领高	手工测量	9.50

3. 编织工艺计算

编织工艺计算步骤与方法见表4-18~表4-20。

表4-18 后幅衣片计算步骤

序号	后幅部位	计算方法	备注
1	后胸宽针数	（胸宽-折后1cm）×横密+缝耗	缝耗1~2支针
2	后领宽针数	（领宽-2cm）×横密	领宽容易烫大所以要做小些
3	后领底平位针数	后领宽针数×0.7	—
4	膊宽针数	膊宽×横密×修正值+缝耗	修正值0.95
5	夹边加针数	（肩宽针数-胸宽针数）÷2	—
6	脚高转数	脚高×脚直密	—
7	后身长转数	（身长-脚高）×直密+缝耗	缝耗1~2转
8	膊斜转数	膊斜2.5cm高	根据单肩的大小而定
9	后夹阔转数	夹宽直度×直密×修正值	修正值0.93
10	后领深转数	（后领深-0.5）×直密	肩骨走后，所以要-0.5cm

表4-19 前幅衣片计算步骤

序号	前幅部位	计算方法	备注
1	前幅宽针数	后胸阔针数+2cm的针数	身侧骨走后，要比后幅做大
2	领宽针数同后幅	—	—
3	前领底平位针数	取1~3支	V领取1~3支
4	膊宽针数同后幅	—	—
5	夹边加针数	（肩宽针数-胸宽针数）÷2	—
6	脚高转数同后幅	—	—
7	前身长转数	后身长转数+1cm的转数	前肩骨走后，所以要做大
8	膊斜转数同后幅	—	—

续表

序号	前幅部位	计算方法	备注
9	前夹宽转数	后夹阔转数+1cm的转数	—
10	夹下转数同后幅	—	—

表4-20 袖片计算步骤

序号	袖子部位	计算方法	备注
1	袖阔针数	袖宽×2×横密×1.05	幅片小易拉长变小所以做大一些
2	袖脚阔针数	袖脚宽×2×横密×因素	因素1.3左右，具体根据罗纹组织而定
3	袖加针数	（袖宽针数-袖脚宽针数）÷2	—
4	袖脚高转数	袖脚高×脚直密	—
5	袖长转数	（袖长-袖脚高）×直密×0.96	幅片小易拉长变小所以做短一点
6	袖底平位转数	一般做3.5cm	—

4. 按照步骤计算写出工艺指示

（1）衣片后幅、前幅编织工艺指示如图4-42、图4-43所示。

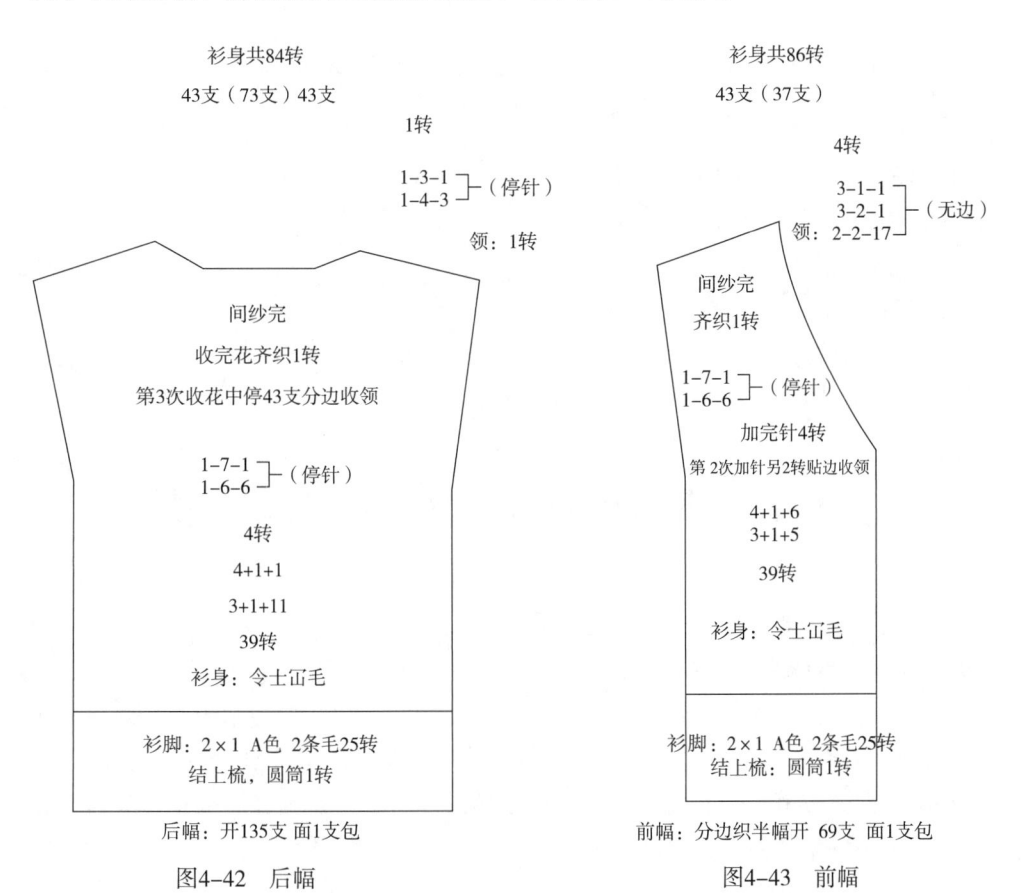

衫身共84转
43支（73支）43支

1转
1-3-1
1-4-3 ┘（停针）

领：1转

间纱完
收完花齐织1转
第3次收花中停43支分边收领

1-7-1
1-6-6 ┘（停针）

4转
4+1+1
3+1+11
39转

衫身：令士㞢毛

衫脚：2×1 A色 2条毛25转
结上梳，圆筒1转

后幅：开135支 面1支包

图4-42 后幅

衫身共86转
43支（37支）43支

4转
3-1-1
3-2-1
2-2-17 ┘（无边）

领

间纱完
齐织1转

1-7-1
1-6-6 ┘（停针）

加完针4转
第2次加针另2转贴边收领

4+1+6
3+1+5
39转

衫身：令士㞢毛

衫脚：2×1 A色 2条毛25转
结上梳：圆筒1转

前幅：分边织半幅开 69支 面1支包

图4-43 前幅

（2）袖片和零部件编织工艺指示如图4-44、图4-45所示。

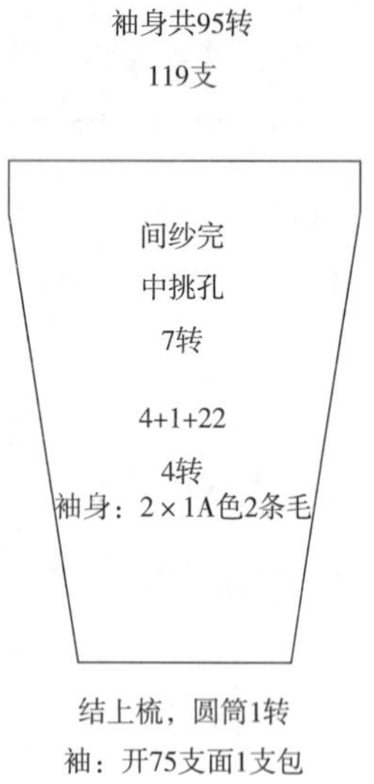

领贴 7针 A色 2条毛 2×1 5坑拉 27/8英寸

放眼半转，毛1转，间纱完
23转
2×1 A色 2条毛

结上梳，圆筒1转
（1条）领贴：开225支 面1支包

内领贴 7针 A色 2条毛
1×1 珠地5坑拉 3英寸

间纱完
过面单边 1转
48转

平放半转
（1条）内领贴：开177支 斜1支结上梳，圆筒1转

7针 四平贴
宽：2.5cm
长：130cm

袖身共95转
119支

间纱完
中挑孔
7转

4+1+22
4转
袖身：2×1A色2条毛

结上梳，圆筒1转
袖：开75支面1支包

图4-44 袖片编织工艺指示 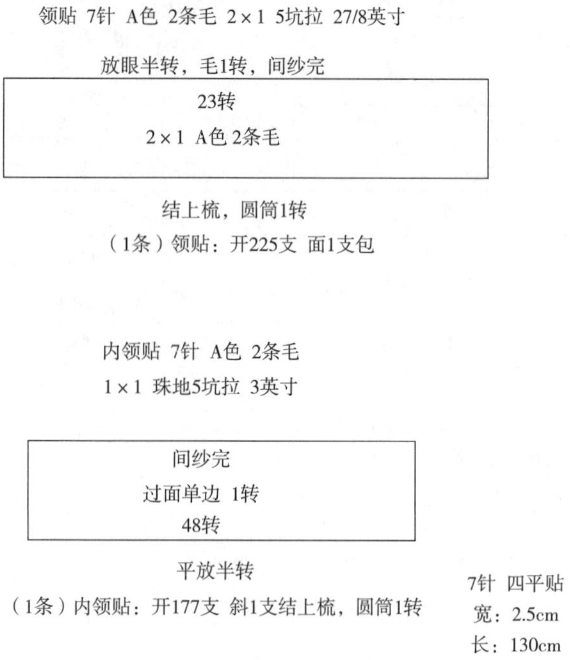　　　图4-45 零部件编织工艺指示

四、双层领冚毛直夹女装编织要求

（1）前后幅收真领：后领停针做法，前幅分左右织。
（2）内领双层包，外领单缝，胸贴自然回缩后缝。
（3）拉链平车，不露齿。
（4）袖尾对前后夹缝。
（5）拉链长度计算：身长−前领深=拉链长度。

第八节　青果领开襟长袖男装编织工艺

一、青果领开襟长袖男装款式和花型分析

1. 青果领开襟长袖男装款式分析

该款青果领开襟长袖男装为翻领对襟拉链设计，领座、领面与门襟为连体式，后领总高14.5cm，前领自然翻折成驳领式，后领为对半翻折。门襟设计9cm宽的罗纹，自前领口翻领起始处至衫摆装金属拉链一条。前衣身有两个袋盖贴袋，袋身折出装饰贴条，袋盖开扣眼，钉四眼黑色树脂扣。弯夹衫为长袖，罗纹袖口8cm高，衣身为直筒式，设计8cm高的罗纹衫摆（图4-46）。

图4-46 青果领开襟长袖男装实物图

2. 青果领开襟长袖男装色彩分析

该款青果领开襟长袖男装的颜色设计选用深灰和浅灰两种颜色,衣身总体为深灰。但门襟、口袋和领底为浅灰,领底的边缘露出一圈浅灰,使领面的重色有了变化,具有与镶边类似的装饰效果。

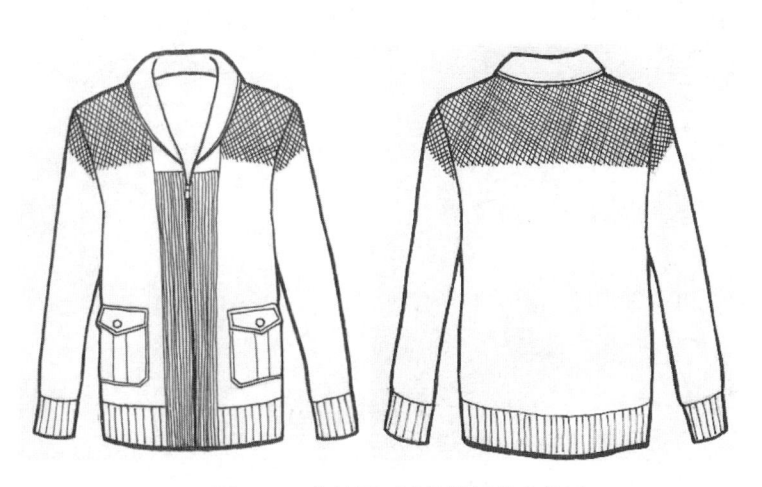

图4-47 青果领开襟长袖男装实物图

3. 青果领开襟长袖男装花型分析

该款青果领开襟长袖男装花型在门襟采用1×1罗纹,领子部位为底面异色空气层花型,衣身胸宽线以上为令士花型,胸宽线以下为纬平针花型,口袋为纬平针花型,衫摆、袖口处采用了2×1罗纹花型设计,袖身的袖山部分与胸宽线连接处以上为令士花型,以下为纬平针花型。该款从花型外观形式上看,空气层花型、1×1罗纹和纬平针很相似,在胸宽线以上设计了令士组织,打破了花型形式的单一感(图4-47)。

二、青果领开襟长袖男装编织花型和用材分析

（1）全件单边+令士，弯夹开胸口袋长袖。
（2）六角明袋，平车加里布做法。
（3）1.5针5条羊毛。
（4）开胸车拉链。
（5）衫脚做2×1。
（6）大身直筒做法。
（7）口袋中折缝保持有立体效果。
（8）口袋及胸贴为B色，大身为A色。

三、青果领开襟长袖男装编织工艺计算

1. 字码平方密度

根据客户的要求，确定毛料，针种，厚薄度。按原版组织，取出相关的字码平方密度。

（1）衣身字码和平方密度如图4-48所示。

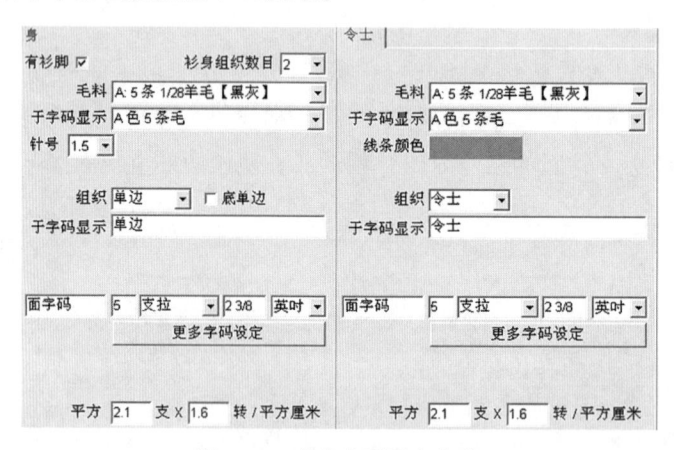

图4-48　衣身字码平方密度

（2）衫脚字码和平方密度如图4-49所示。

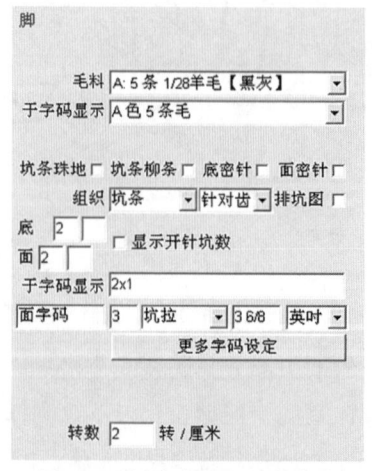

图4-49　衫脚字码和平方密度

2. 原版部位尺寸测量

根据制单尺寸或者客户提供的原版量出尺寸，见表4-21。

表4-21 青果领开襟长袖男装尺寸

尺码设定		单位　●厘米　○英寸	
	尺寸标签	度量方法	M
1	胸阔	手工测量	54.00
2	肩阔	手工测量	49.00
3	身长	手工测量	67.00
4	夹阔斜度	手工测量	24.00
5	上胸围	—	—
6	膊斜	手工测量	2.50
7	领阔	手工测量	29.00
8	前领深	手工测量	21.00
9	后领深	手工测量	2.50
10	腰阔	—	—
11	腰距	—	—
12	下脚阔	手工测量	50.00
13	领贴高	手工测量	14.00
14	衫脚高	手工测量	8.00
15	袖咀高	—	8.00
16	袖口阔	手工测量	10.00
17	袖长膊边度	手工测量	62.00
18	袖阔	手工测量	18.00
19	口袋宽	手工测量	14.00
20	口袋高	手工测量	15.00
21	口袋贴高	手工测量	5.50
22	胸贴高	手工测量	8.00

3. 编织工艺计算

编织工艺计算步骤及方法见表4-22~表4-24。

表4-22 后幅衣片计算步骤

序号	后幅部位	计算方法	备注
1	后胸宽针数	（胸宽-折后1cm）×横密+缝耗	缝耗1~2支针
2	后领宽针数	（领宽-2cm）×横密	领宽容易烫大所以要做小些
3	后领底平位针数	后领宽针数×0.7	—

续表

序号	后幅部位	计算方法	备注
4	膊宽针数	膊宽×横密×修正值+缝耗	修正值0.95
5	每边收针数	（后胸宽针数-膊宽针数）÷2	—
6	脚高转数	脚高×脚直密	—
7	后身长转数	（身长-脚高）×直密+缝耗	缝耗1~2转
8	膊斜转数	膊斜2.5cm高	根据单肩的大小而定
9	后夹阔转数	夹宽直度×直密×修正值	修正值0.93
10	夹花高转数	后夹阔转数÷2.5	一般在7.5cm左右
11	后袖尾缝位转数	后夹阔转数÷5	或根据袖尾来计算
12	夹中位转数	后夹阔转数-夹花高-后袖尾转数	—
13	夹下转数	后身长转数-膊斜-后夹阔转数	—
14	后领深转数	（后领深-0.5）×直密	肩骨走后，所以要-0.5cm

表4-23 前幅衣片计算步骤

序号	前幅部位	计算方法	备注
1	前胸宽针数	后胸阔针数+2cm针数-胸贴高×2+缝耗1cm	身侧骨走后，要比后幅做大
2	前领宽针数	后领宽针数-胸贴高×2+缝耗1cm	—
3	前领底平位针数	取1~3支	V领取1~3支
4	前膊宽针数	后肩宽针数-胸贴高×2+缝耗1cm	—
5	每边收针数	（前胸宽针数-膊宽针数）÷2	—
6	脚高转数同后幅	—	—
7	前身长转数	后身长转数+1cm的转数	前肩骨走后，所以要做大
8	膊斜转数同后幅	—	—
9	前夹阔转数	后夹阔转数+1cm的转数	—
10	夹花高转数同后幅	—	—
11	前袖尾缝位转数	后袖尾缝位转数+1cm的转数	—
12	夹中位转数同后	—	—
13	夹下转数同后	—	—
14	口袋记号宽	（口袋宽-0.5cm）×横密	两边各扭位作记号，所以要减小0.5
15	口袋记号高	（口袋宽-0.5cm）×直密	上下各扭位作记号，所以要减小0.5

表4-24 袖片计算步骤

序号	袖子部位	计算方法	备注
1	袖阔针数	袖宽×2×横密×1.05	幅片小，易拉长变小，所以做大一点
2	袖脚阔针数	袖脚宽×2×横密×因素	因素1.3左右，具体根据罗纹组织而定
3	袖尾宽针数	（前袖尾缝位转数+后袖尾缝位转数）÷直密×横密	或直接定尺寸
4	袖加针数	（袖宽针数-袖脚宽针数）÷2	—
5	袖收针数	（袖宽针数-袖尾宽针数）÷2	—
6	袖脚高转数	袖脚高×脚直密	
7	袖长转数	（袖长-袖脚高）×直密×0.96	幅片小易拉长变小所以做短一点
8	袖山高转数	（后夹宽转数-后袖尾缝位转数）×因素	因素0.95做小些
9	袖底平位转数	一般做3.5cm	
10	袖加针转数	袖长转数-袖山高转数-袖底平位转数	—

4. 编织工艺指示

按照步骤计算及写出工艺指示，如图4-50~图4-53所示。

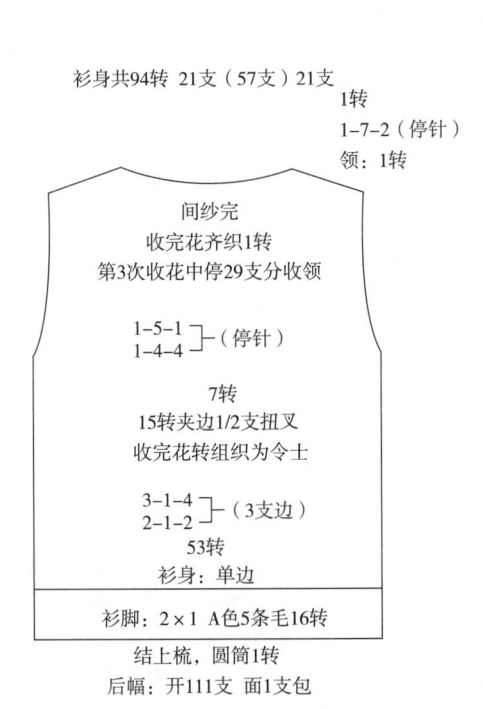

衫身共94转 21支（57支）21支
1转
1-7-2（停针）
领：1转

间纱完
收完花齐织1转
第3次收花中停29支分收领

1-5-1
1-4-4 ］（停针）

7转
15转夹边1/2支扭叉
收完花转组织为令士

3-1-4
2-1-2 ］（3支边）

53转
衫身：单边

衫脚：2×1 A色5条毛16转
结上梳，圆筒1转
后幅：开111支 面1支包

图4-50 后幅衣片编织工艺指示

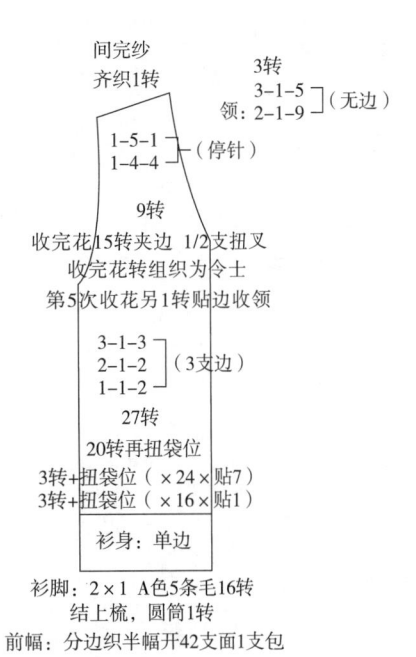

衫身共96转 21支（14支）

间完纱
齐织1转

3转
3-1-5
2-1-9 ］（无边）
领：2转

1-5-1
1-4-4 ］（停针）

9转
收完花15转夹边 1/2支扭叉
收完花转组织为令士
第5次收花另1转贴边收领

3-1-3
2-1-2
1-1-2 ］（3支边）

27转
20转再扭袋位
3转+扭袋位（×24×贴7）
3转+扭袋位（×16×贴1）

衫身：单边

衫脚：2×1 A色5条毛16转
结上梳，圆筒1转
前幅：分边织半幅开42支面1支包

图4-51 前幅衣片编织工艺指示

袖身共83转22支

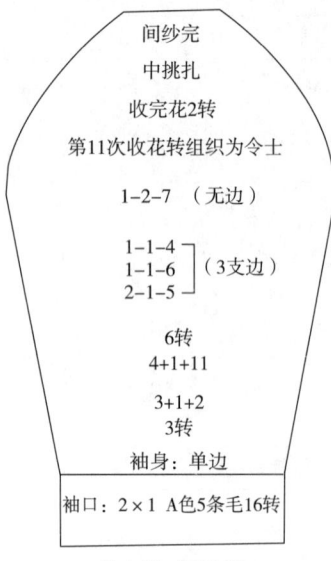

```
间纱完
中挑扎
收完花2转
第11次收花转组织为令士
1-2-7（无边）
1-1-4
1-1-6  （3支边）
2-1-5
6转
4+1+11
3+1+2
3转
袖身：单边
袖口：2×1  A色5条毛16转
```

结上梳，圆筒1转

袖：开54支 面1支包

图4-52 袖片编织工艺指示

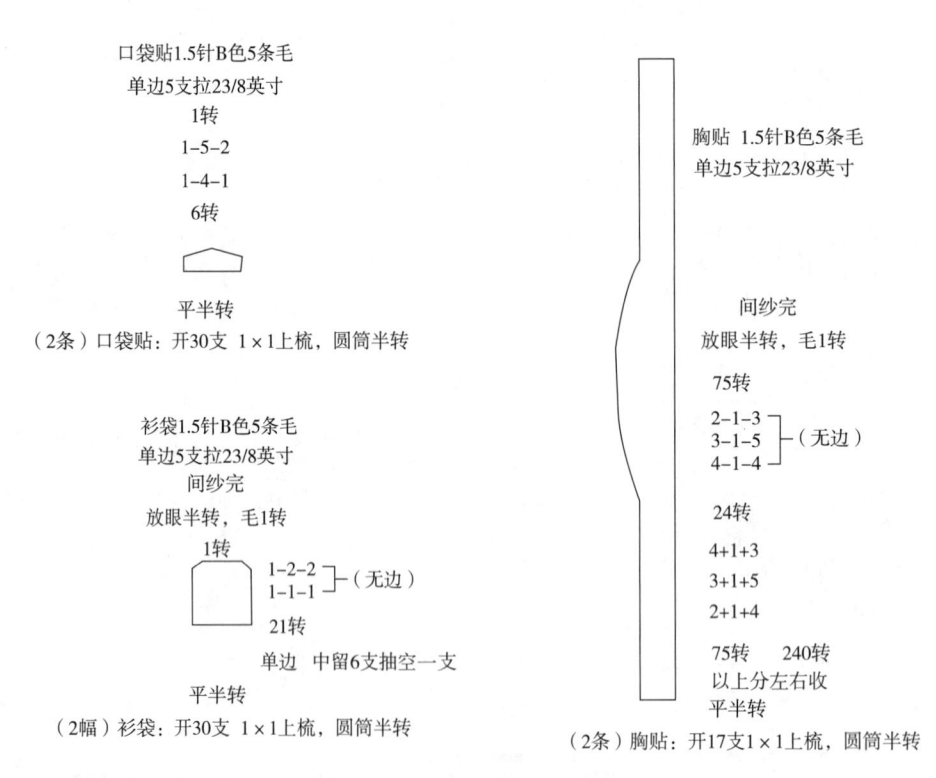

```
口袋贴1.5针B色5条毛
单边5支拉23/8英寸
1转
1-5-2
1-4-1
6转
平半转
```
（2条）口袋贴：开30支 1×1上梳，圆筒半转

```
衫袋1.5针B色5条毛
单边5支拉23/8英寸
间纱完
放眼半转，毛1转
1转
1-2-2
1-1-1  （无边）
21转
单边  中留6支抽空一支
平半转
```
（2幅）衫袋：开30支 1×1上梳，圆筒半转

```
胸贴  1.5针B色5条毛
单边5支拉23/8英寸
间纱完
放眼半转，毛1转
75转
2-1-3
3-1-5  （无边）
4-1-4
24转
4+1+3
3+1+5
2+1+4
75转    240转
以上分左右收
平半转
```
（2条）胸贴：开17支 1×1上梳，圆筒半转

图4-53 零部件编织工艺指示

四、青果领开襟长袖男装编织要求

（1）前后夹收针由快至慢，袖夹由慢至快，如此夹型弧度才美观。

（2）袖加针由快至慢，先织后加。

（3）肩膀的两种做法：

①肩斜用铲针做法：如此做的衣服才精致美观，但缝合需要锁眼再缝，缝盘成本相对高些。

②肩膀用锁边做法：如此做的衣服相对没有那么精致，但方便了缝盘，成本低。

（4）平车车口袋，有内布，六角明袋，口袋中照空针折缝呈现立体感。

（5）袋盖为尖角贴。

（6）胸贴及领整条照记号缝。

（7）平车拉链为露齿车法。

（8）开胸款式、肩点、夹下，衫脚分别缝洗水带。

参考文献

[1]丁钟复.羊毛衫生产工艺[M].北京：中国纺织出版社，2012.
[2]孙丽.服装缝制工艺[M].北京：高等教育出版社，2016.

附录

附录1　编织工艺训练习题

训练一：计算V领女背心编织工艺

1. 款式说明、编织针种与毛料

    款式说明：女装V领背心，全件单边间色（附图1-1）。

    针种：12针（2条毛）。

    毛料：32/2 100% COTTON（棉）。

2. 编织工艺要求

（1）收夹2支。

（2）领贴单边包，原身出V领。

（3）领贴盖配同色氨纶丝。

3. 各部位尺寸（附表1-1）

附表1-1　各部位尺寸　单位：cm

部位	尺寸	备注
胸围	42	—
身长	56	—
膊阔	34	—
膊斜	2.5	—
上夹	21	—
袖口长	1.5	—
腰阔	38	领边下37
衫脚阔	40	—
衫脚高	1.5	元筒
领阔	16	外度
前领深	17	领边至缝
后领深	2	领边至缝
领贴	1.3	—

附图1-1　V领女背心

训练二：计算插肩袖立领女装的编织工艺

1. 款式说明、编织针种与毛料

款式说明：女装立领插肩长袖套衫，全件织单边（附图1-2）。

针种：14针（1条毛）。

毛料：2/30 100% CASHWOOL（羊毛）。

2. 编织工艺要求

（1）收夹2支边。

（2）收袖膊：搬中针，中4支边。

（3）袖：挑耳仔加针4支边。

（4）收腰搬中针：离腰侧7cm。

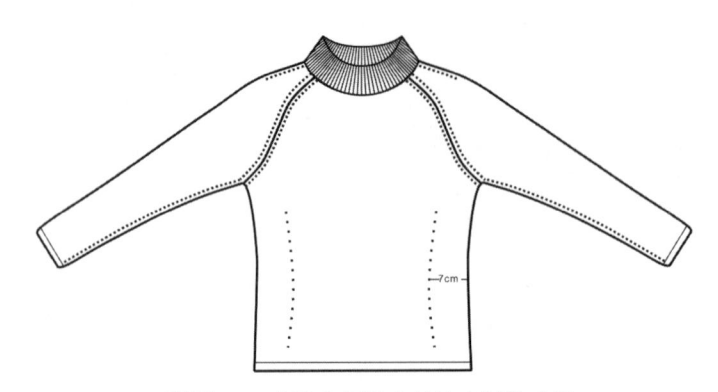

附图1-2 女装立领插肩长袖套衫款式图

3. 各部位尺寸（附表1-2）

附表1-2 各部位尺寸 单位：cm

部位	尺寸	备注
胸围	42	—
身长	56	—
膊阔	34	—
膊斜	2.5	—
袖长	68	后中度
上夹	23	—
袖阔	16	—
袖口阔	9.5	—
袖口长	1.5	元筒
腰阔	38	领边下37
衫脚阔	40	—
衫脚高	1.5	元筒
领阔	17	—

续表

部位	尺寸	备注
前领深	6.5	—
后领深	2	—
领贴	5	1×1 双

训练三：计算V领马鞍长袖男套衫编织工艺

1. **款式说明、编织针种与毛料**

    款式说明：男装V领马鞍长袖套衫，全件单边（附图1-3）。

    针种：9针（4条毛）。

    毛料：32/2 100% COTTON（棉）。

2. **编织工艺要求**

（1）收夹、收膊2支边。

（2）衫脚、袖口底织1转配色橡筋。

3. **各部位尺寸**（附表1-3）

附表1-3　各部位尺寸　　　　　　　单位：cm

部位	尺寸	备注
胸围	52	—
身长	65	—
膊阔	36	—
袖长	78	后中度
上夹	27	—
袖阔	20	—
袖口阔	8.5	—
袖口长	6	1×1
衫脚阔	37	—
衫脚高	6	1×1
领阔	16	外度
前领深	20	—
后领深	2	—
领贴	2	1×1 双

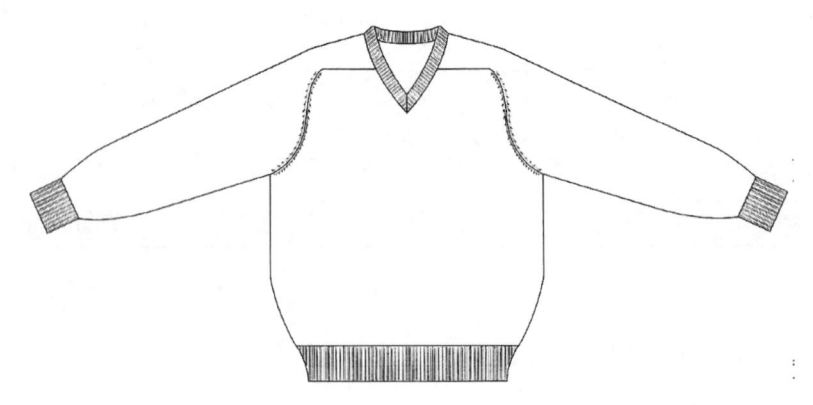

附图1-3　男装V领马鞍长袖套衫款式图

训练四：计算船领长袖女套衫编织工艺

1. **款式说明、编织针种与毛料**

   款式说明：女装船领长袖套衫，全件单边（附图1-4）。

   毛料：32/2 100%COTTON（棉）。

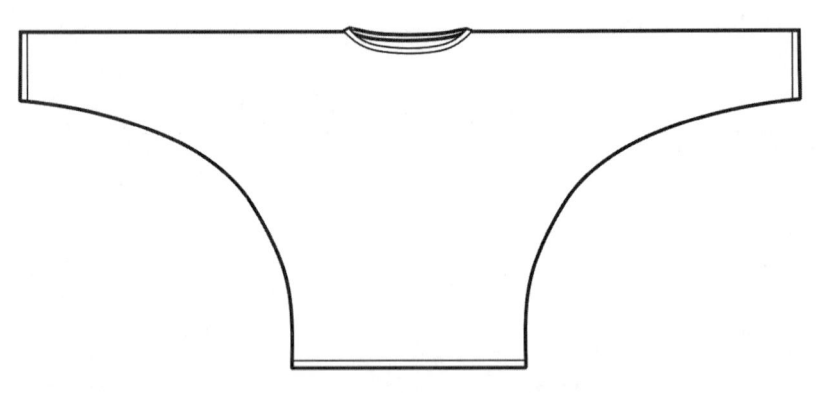

附图1-4　女装船领长袖套衫款式图

2. **各部位尺寸（附表1-4）**

附表1-4　各部位尺寸　　　　　　　　　　　　　　　单位：cm

部位	尺寸	备注
胸围	44	夹下1寸
身长	58	—
袖长	70	领中度
上夹	42	直度
袖口阔	12	—
袖口长	1.5	元筒包
袖脚阔	44	—
衫脚高	1.5	元筒包

续表

部位	尺寸	备注
领阔	22	外度
前领深	4	领边至逢
后领深	2	领边至逢
领贴	0.7	元筒包

训练五：计算圆领新平膊（中缝）长袖女开衫编织工艺

1. 款式名称和编织针种与毛料

款式说明：女装圆领新平膊（中缝）长袖开胸衫，全件单边（附图1-5）。

针种：12针（2条毛）。

毛料：32/2 100% COTTON（棉）。

2. 编织工艺要求

（1）收夹2支。

（2）门襟：四平直贴托底。

（3）共7粒直径为12mm的纽扣。

附图1-5 女装圆领新平膊（中缝）长袖开衫款式图

3. 各部位尺寸（附表1-5）

附表1-5 各部位尺寸　　　　　　单位：cm

部位	尺寸	备注
胸围	42	平下1寸
身长	56	—
膊阔	34	—
膊斜	2.5	—
袖长	70	后中度
袖山	12	—
上夹	19	—
袖阔	15	—

续表

部位	尺寸	备注
袖口阔	10	—
袖口长	1.5	元筒
腰阔	38	领边下37
衫脚阔	40	—
衫脚高	1.5	元筒
领阔	16	外度
前领深	7.5	领边至缝
后领深	1.5	领边至缝
领贴	1	元筒
门襟	2	四平贴托底

附录2 工艺单表格

附表2-1 工艺单表格

量度单位：cm	前后袖（针号）	
胸阔	毛料：	
肩阔	组织：	
身长	字码：支 拉 寸	
夹阔	平方：	
领阔	衫脚及袖口：	
前领深	毛料：	
后领深	字码：支 拉 寸	
腰阔	平方：	
腰距		
下脚阔		
领贴高		
衫脚高	款式图	
袖脚高		
袖口阔		
袖长		
袖阔		
每件落机重（克）		
前幅重	毛料名称	
后幅重		
袖重		
领重		

领贴：

附录3 编织工艺训练习题答案

一、V领女背心编织工艺答案（附图3-1）

领贴12针 圆筒10支拉1 2/8英寸 1×1 10支拉 2 3/8英寸
放眼1转，毛2转，间纱完 圆筒 7转
顶密针，圆筒1转，平半转
_____
1×1 3.5转
结上梳，圆筒1转（1条）领贴：开379支底1支包

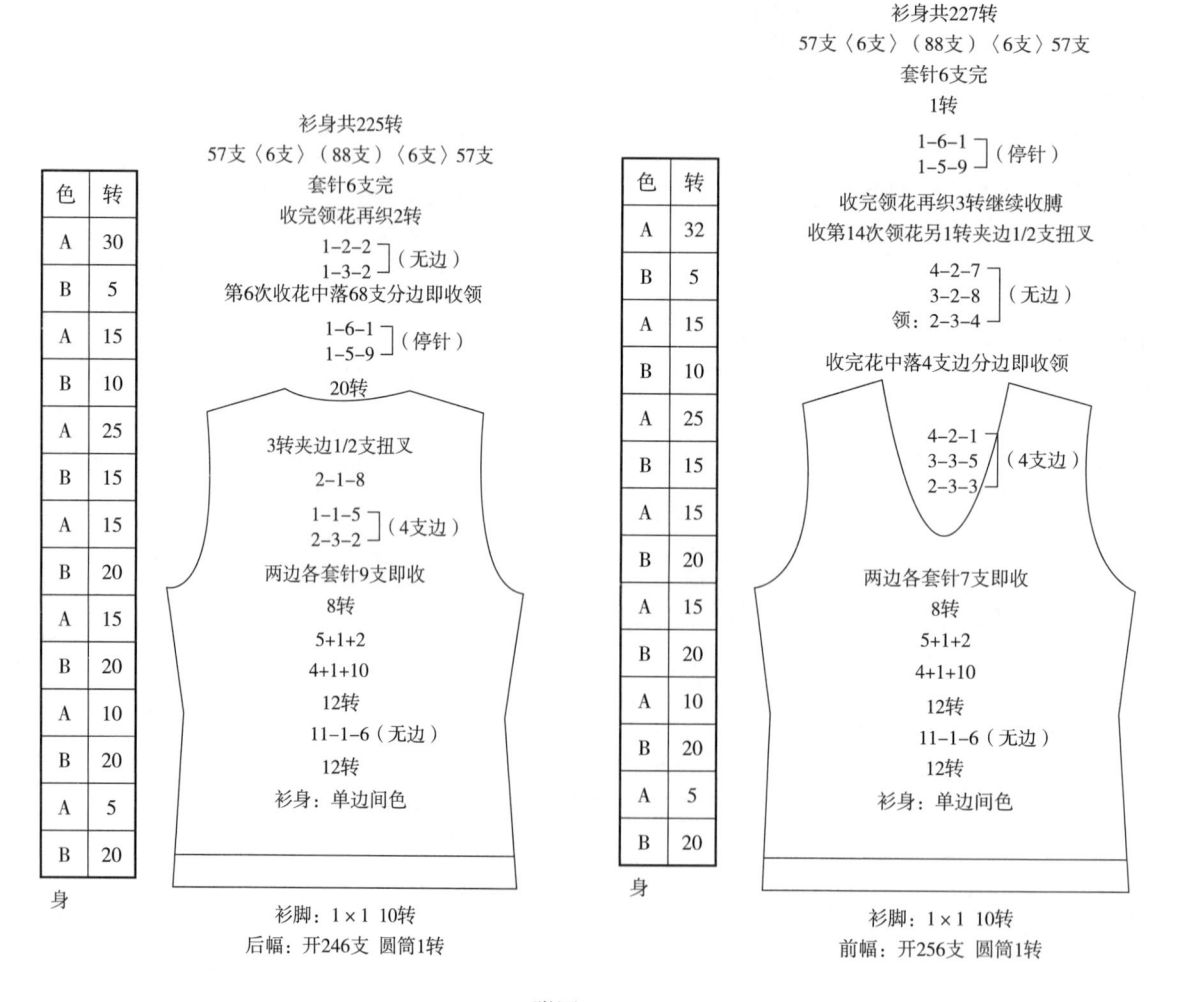

后幅：

衫身共225转
57支〈6支〉（88支）〈6支〉57支
套针6支完
收完领花再织2转
1-2-2
1-3-2 （无边）
第6次收花中落68支分边即收领
1-6-1
1-5-9 （停针）
20转
3转夹边1/2支扭叉
2-1-8
1-1-5
2-3-2 （4支边）
两边各套针9支即收
8转
5+1+2
4+1+10
12转
11-1-6（无边）
12转
衫身：单边间色

色	转
A	30
B	5
A	15
B	10
A	25
B	15
A	15
B	20
A	15
B	20
A	10
B	20
A	5
B	20
身

衫脚：1×1 10转
后幅：开246支 圆筒1转

前幅：

衫身共227转
57支〈6支〉（88支）〈6支〉57支
套针6支完
1转
1-6-1
1-5-9 （停针）
收完领花再织3转继续收膊
收第14次领花另1转夹边1/2支扭叉
4-2-7
3-2-8 （无边）
领：2-3-4
收完花中落4支边分边即收领
4-2-1
3-3-5 （4支边）
2-3-3
两边各套针7支即收
8转
5+1+2
4+1+10
12转
11-1-6（无边）
12转
衫身：单边间色

色	转
A	32
B	5
A	15
B	10
A	25
B	15
A	15
B	20
A	15
B	20
A	10
B	20
A	5
B	20

衫脚：1×1 10转
前幅：开256支 圆筒1转

附图3-1

二、插肩袖立领女装编织工艺答案（附图3-2）

领贴 12针
圆筒 10支拉 1 2/8英寸
1×1 10支拉 2 3/8英寸

放眼1转，毛2转，间纱完
圆筒7转
顶密针，圆筒1转，平半转

1×1 60.5转

（1条）领贴：开282支 斜1支结上梳，圆筒1转

衫身共206转 87支
套针6支完
2转

$\left.\begin{array}{l}1\text{-}2\text{-}5\\1\text{-}3\text{-}3\end{array}\right]$（无边）

中落37支分边即收领
第31次收花另1转

$\left.\begin{array}{l}2\text{-}3\text{-}3\\2\text{-}2\text{-}6\\3\text{-}2\text{-}16\end{array}\right]$（2支边）

两边各套针7支即收
8转
4+1+1
3+1+11
12转

$\left.\begin{array}{l}6\text{-}1\text{-}7\\5\text{-}1\text{-}5\end{array}\right]$（无边）

5转
衫身：单边

衫脚：圆筒 10转
前幅：开267支

袖身共272转 39支

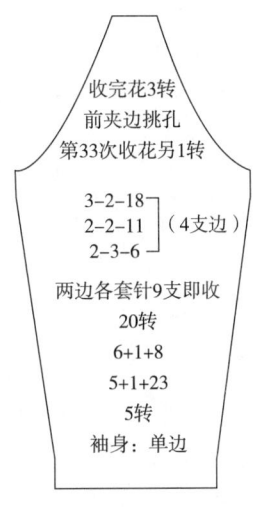

收完花3转
前夹边挑孔
第33次收花另1转

$\left.\begin{array}{l}3\text{-}2\text{-}18\\2\text{-}2\text{-}11\\2\text{-}3\text{-}6\end{array}\right]$（4支边）

两边各套针9支即收
20转
6+1+8
5+1+23
5转
袖身：单边

袖口：圆筒 10转
袖：分左右织 开 147支

衫身共216转 75支

2转
$\left.\begin{array}{l}2\text{-}3\text{-}4\\2\text{-}2\text{-}17\\3\text{-}2\text{-}18\end{array}\right]$（2支边）

两边各套针9支即收
8转
4+1+1
3+1+11
12转
$\left.\begin{array}{l}6\text{-}1\text{-}7\\5\text{-}1\text{-}5\end{array}\right]$（无边）
5转
衫身：单边

衫身：圆筒 10转
后幅：开257支

附图3-2

三、V领马鞍长袖男套衫编织工艺答案（附图3-3）

领贴 12针
圆筒 10支拉 1 2/8英寸
1×1 10支拉 2 3/8英寸
放眼1转，毛2转，间纱完
圆筒6转
顶密针，圆筒1转，平半转

1×1 8.5转
结上梳，圆筒1转
（1条）领贴：开427支 底1支包

袖身共260转　45支

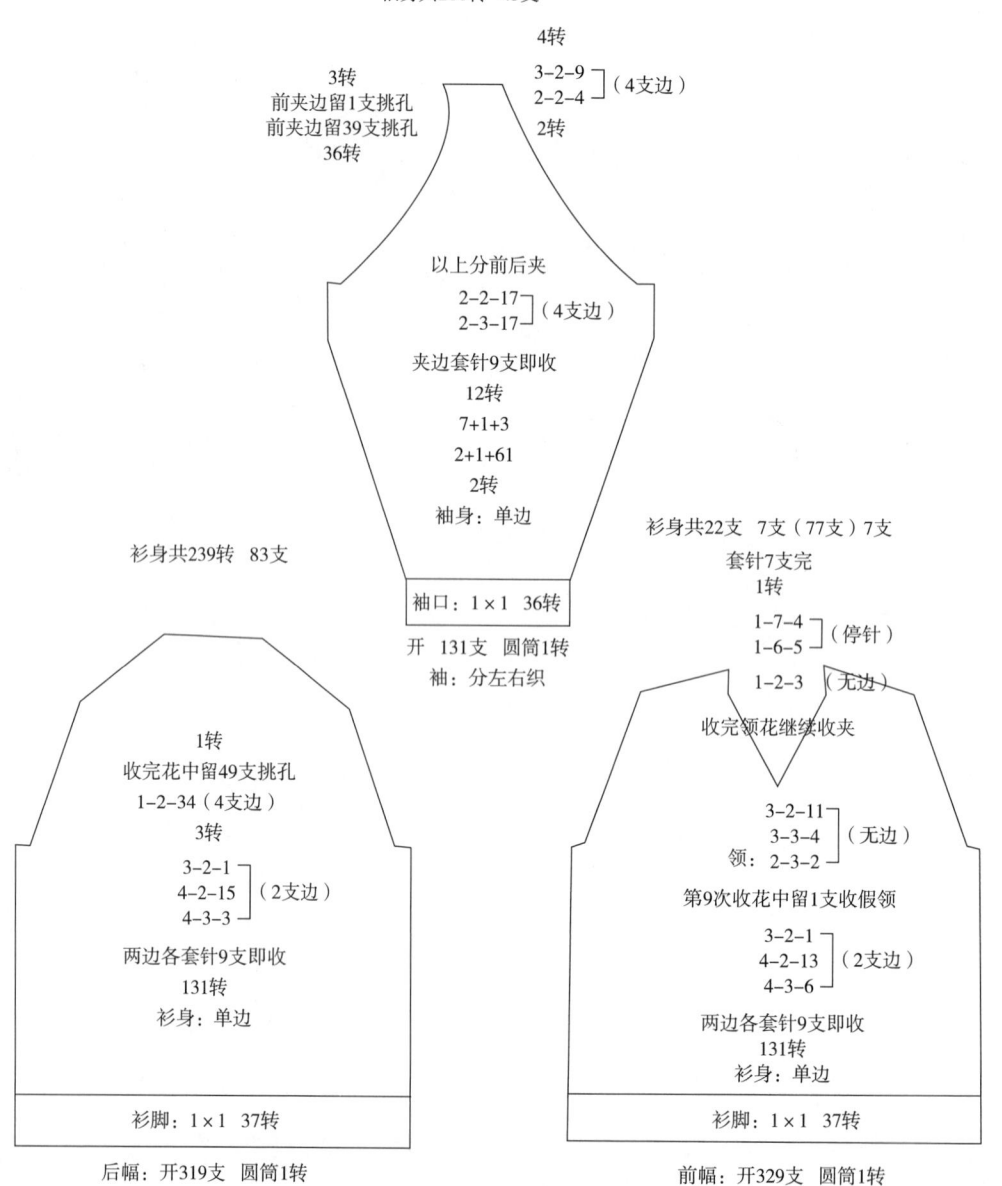

4转
3转　　　　　　　3-2-9
前夹边留1支挑孔　2-2-4（4支边）
前夹边留39支挑孔
36转　　　　　　　2转

以上分前后夹
2-2-17
2-3-17（4支边）
夹边套针9支即收
12转
7+1+3
2+1+61
2转
袖身：单边

袖口：1×1 36转
开 131支　圆筒1转
袖：分左右织

衫身共239转　83支

1转
收完花中留49支挑孔
1-2-34（4支边）
3转
3-2-1
4-2-15（2支边）
4-3-3
两边各套针9支即收
131转
衫身：单边

衫脚：1×1 37转

后幅：开319支　圆筒1转

衫身共22支　7支（77支）7支
套针7支完
1转
1-7-4
1-6-5（停针）
1-2-3（无边）

收完领花继续收夹

3-2-11
3-3-4（无边）
领：2-3-2

第9次收花中留1支收假领
3-2-1
4-2-13（2支边）
4-3-6
两边各套针9支即收
131转
衫身：单边

衫脚：1×1 37转

前幅：开329支　圆筒1转

附图3-3

四、船领长袖女套衫编织工艺答案（附图3-4）

领贴 12针
圆筒 10支拉 1 2/8英寸
1×1 10支拉 2 3/8英寸
放眼1转，毛2转，间纱完
圆筒7转
顶密针，圆筒1转，平半转 1×1
───────────────
（1条）领贴：开396支 斜1支结上梳，圆筒1转

衫脚贴 12针
10支拉 1 4/8英寸
放眼半转，毛1转，间纱完
7转
───────────────
结上梳，圆筒1转
（2条）衫脚贴：开270支 面1支包

袖脚贴 12针
10支拉 1 4/8英寸
放眼半转，毛1转，间纱完
7转
───────────────
结上梳，圆筒1转
（2条）袖脚贴：开149支 面1支包

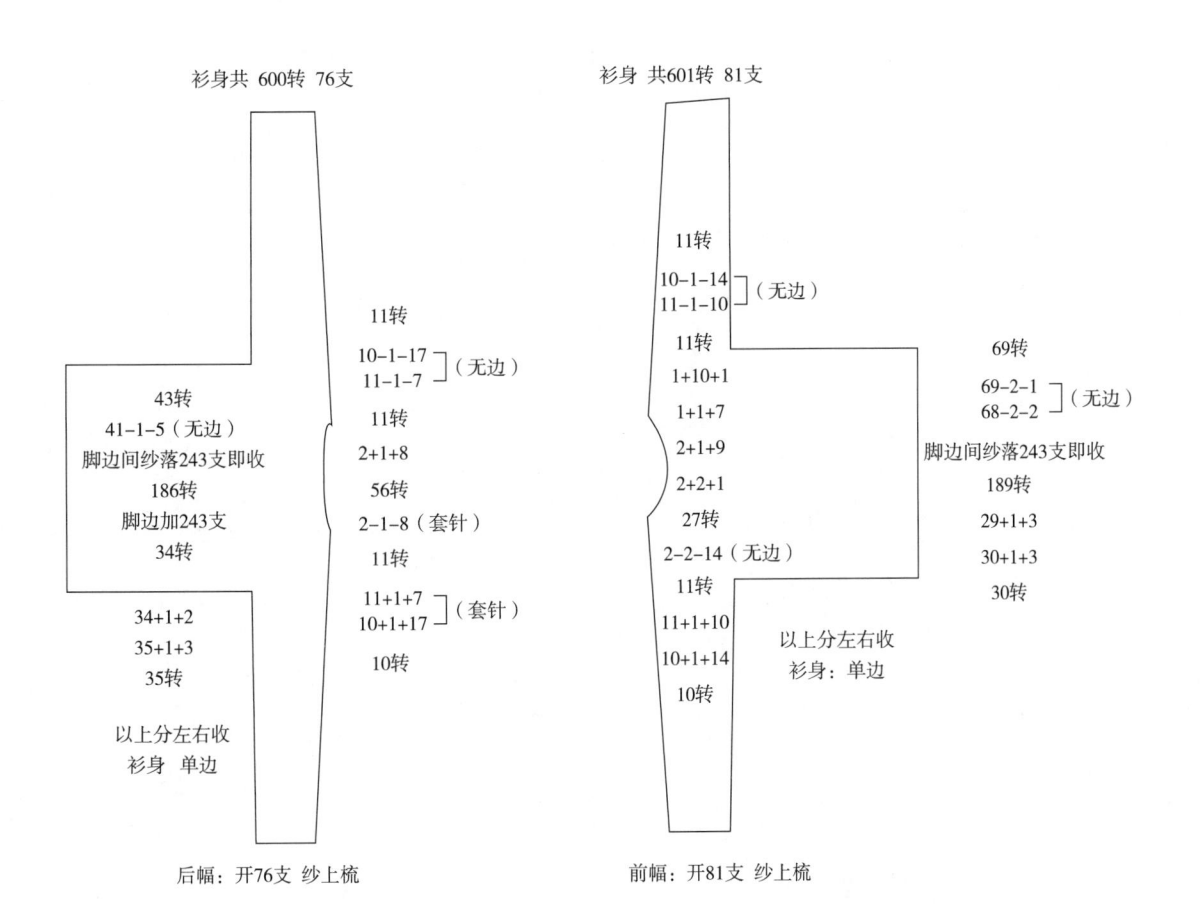

衫身共 600转 76支

43转
41-1-5（无边）
脚边间纱落243支即收
186转
脚边加243支
34转

34+1+2
35+1+3
35转

以上分左右收
衫身 单边

后幅：开76支 纱上梳

11转
10-1-17
11-1-7 （无边）
11转
2+1+8
56转
2-1-8（套针）
11转
11+1+7
10+1+17 （套针）
10转

衫身 共601转 81支

11转
10-1-14
11-1-10 （无边）
11转
1+10+1
1+1+7
2+1+9
2+2+1
27转
2-2-14（无边）
11转
11+1+10
10+1+14
10转

以上分左右收
衫身：单边

前幅：开81支 纱上梳

69转
69-2-1
68-2-2 （无边）
脚边间纱落243支即收
189转
29+1+3
30+1+3
30转

附图3-4

五、圆领新平膊（中缝）长袖女开衫编织工艺答案（附图3-5）

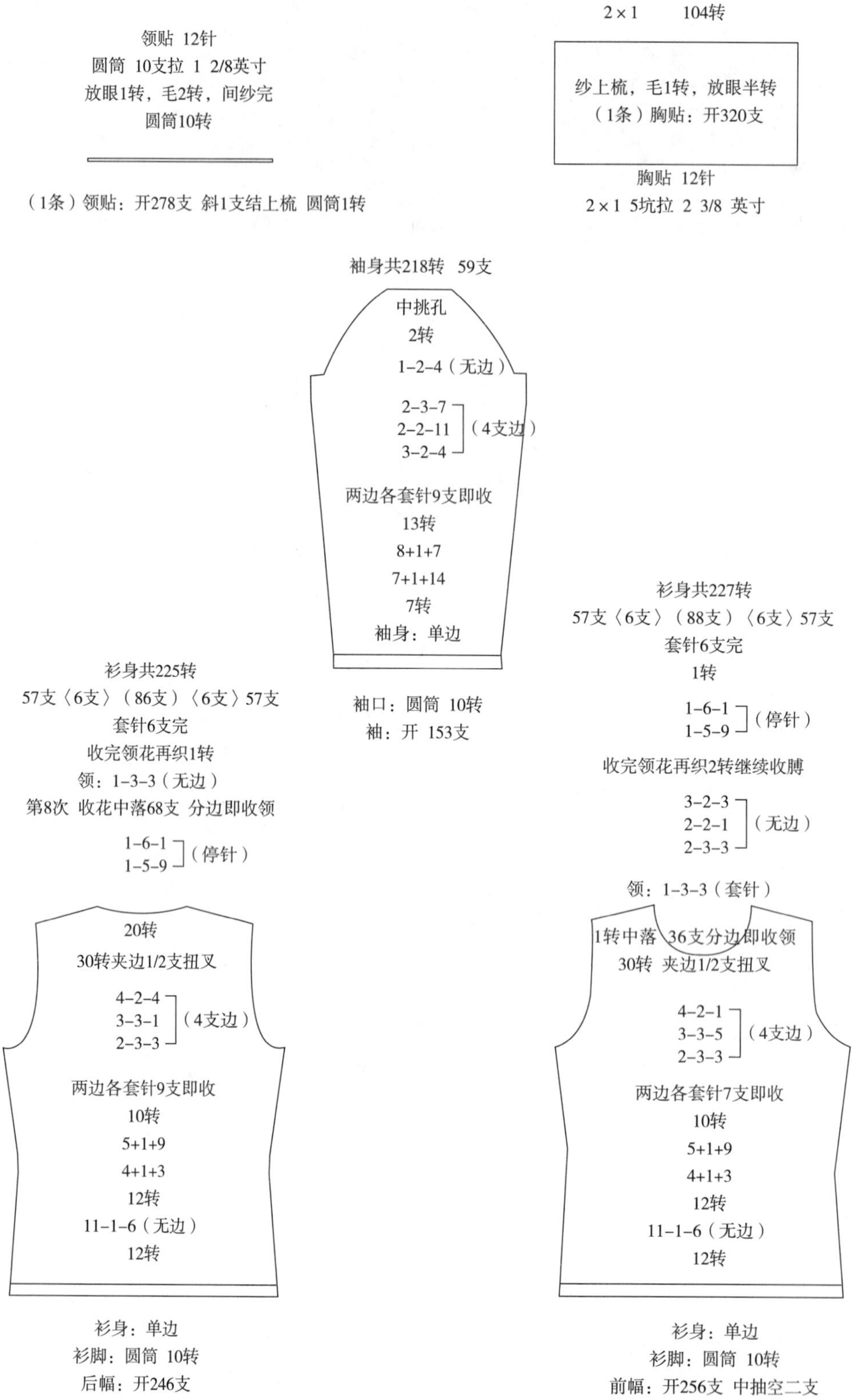

领贴 12针
圆筒 10支拉 1 2/8英寸
放眼1转，毛2转，间纱完
圆筒10转

（1条）领贴：开278支 斜1支结上梳 圆筒1转

2×1 104转

纱上梳，毛1转，放眼半转
（1条）胸贴：开320支

胸贴 12针
2×1 5坑拉 2 3/8 英寸

袖身共218转 59支

中挑孔
2转
1-2-4（无边）
2-3-7
2-2-11 （4支边）
3-2-4

两边各套针9支即收
13转
8+1+7
7+1+14
7转
袖身：单边

袖口：圆筒 10转
袖：开 153支

衫身共225转
57支〈6支〉（86支）〈6支〉57支
套针6支完
收完领花再织1转
领：1-3-3（无边）
第8次 收花中落68支 分边即收领

1-6-1
1-5-9 （停针）

20转
30转夹边1/2支扭叉
4-2-4
3-3-1 （4支边）
2-3-3

两边各套针9支即收
10转
5+1+9
4+1+3
12转
11-1-6（无边）
12转

衫身：单边
衫脚：圆筒 10转
后幅：开246支

衫身共227转
57支〈6支〉（88支）〈6支〉57支
套针6支完
1转
1-6-1
1-5-9 （停针）

收完领花再织2转继续收膊
3-2-3
2-2-1 （无边）
2-3-3

领：1-3-3（套针）

1转中落 36支分边即收领
30转 夹边1/2支扭叉
4-2-1
3-3-5 （4支边）
2-3-3

两边各套针7支即收
10转
5+1+9
4+1+3
12转
11-1-6（无边）
12转

衫身：单边
衫脚：圆筒 10转
前幅：开256支 中抽空二支

附图3-5